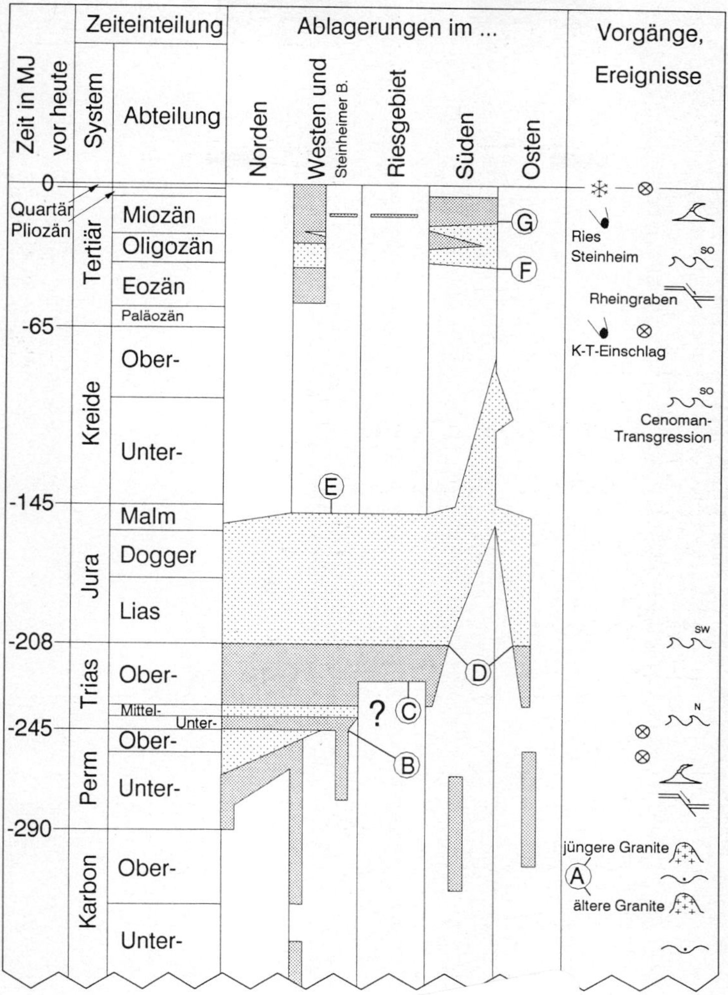
Zeit in MJ vor heute
Zeiteinteilung
System
Abteilung
Ablagerungen im ...
Norden
Westen und Steinheimer B.
Riesgebiet
Süden
Osten
Vorgänge, Ereignisse
0
Quartär
Pliozän
Miozän
Oligozän
Eozän
Paläozän
Tertiär
-65
Ober-
Unter-
Kreide
-145
Malm
Dogger
Lias
Jura
-208
Ober-
Mittel-
Unter-
Trias
-245
Ober-
Unter-
Perm
-290
Ober-
Unter-
Karbon
A
B
C
D
E
F
G
?
Ries
Steinheim
SO
Rheingraben
K-T-Einschlag
SO
Cenoman-
Transgression
SW
N
jüngere Granite
ältere Granite

C.R. Mattmüller

Ries und Steinheimer Becken

Geologischer Führer und Einführung in die Meteoritenkunde

60 Abbildungen, 7 Tabellen

Ferdinand Enke Verlag Stuttgart 1994

Dipl.-Geol. Claus Roderich Mattmüller
Hochegertstr. 13
D - 72414 Rangendingen

Die Deutsche Bibliothek - CIP-Einheitsaufnahme

Mattmüller, Claus Roderich:
Ries und Steinheimer Becken: geologischer Führer
und Einführung in die Meteoritenkunde: 7 Tabellen/
C. R. Mattmüller.
-Stuttgart : Enke, 1994
ISBN 3-432-25991-3

Umschlagphoto: Überlagerung von Bunter Brekzie durch Suevit. Steinbruch Aumühle bei Öttingen, Abbauzustand 1993.

Printed in Germany
Druck: Druckhaus Götz GmbH, D-71636 Ludwigsburg 5 4 3 2 1

Inhalt

Was steht wo ? ➔ Glossar S. 125!

➔ Exkursionen, Karten, Tabellen umseitig

Karten

Tabellen

Einführung

Im Zentrum Süddeutschlands, wo Schwaben, Franken und Bayern aneinandergrenzen, liegt die flache Beckenlandschaft des Nördlinger Rieses. Als auffällige Unterbrechung der Juraschichten trennt es die Schwäbische Alb von der Fränkischen Alb. 40 Kilometer von seiner Mitte nach Südwesten liegt im Bereich des Albuchs das Steinheimer Becken - wie das Ries seit kurzem als Meteoritenkrater erkannt und seit langem Forschungsobjekt der Erdwissenschaftler.

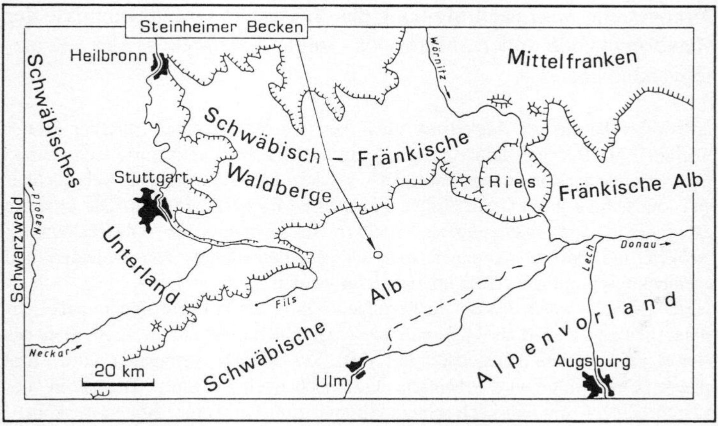

Abb. 1 Übersichtskarte Ries und Steinheimer Becken.

Mit 25 bis 26 Kilometern Durchmesser gehört das Ries zu den größten bekannten Meteoritenkratern der Erde und ist unter diesen der am besten erforschte. Der gute Erhaltungszustand und die hier gewonnenen Erkenntnisse machten den Krater in der Welt der Wissenschaft berühmt. 1970 kamen sogar die amerikanischen Astronauten Shepard, Cernan, Engle und Mitchell während der Vorbereitung der Apollo 14 - Mission zum geologischen Training hierher: Die Raumkapsel sollte später im Mondkrater Fra Mauro südlich des riesigen Mare Imbrium landen.

Aber auch den Archäologen ist das Ries Forschungsstätte: Der nahe dem Westrand aus der Ebene ragende Goldberg fehlt in keinem Buch über die europäische Jungsteinzeit - um nur den bekanntesten Fundort zu nennen.

Das Steinheimer Becken wurde vor allem durch seine Fossilfunde berühmt, und die Entwicklungsreihe der in den Steinheimer "Schneckensanden" vorkommenden fossilen Süßwasserschnecke *Gyraulus* ist ein klassisches Beispiel für die Entstehung der Arten.

Diese Krater sind also hochinteressant - daß sie gleichzeitig landschaftliche Perlen sind, macht die Beschäftigung mit ihnen zum Genuß.

Idee und Aufbau des Führers. Dem eigentlichen, geologisch orientierten, Kraterführer wurde ein Kapitel über Meteorite vorangestellt, weil nach Meinung des Verfassers Grundkenntnisse der Meteoritenkunde oder Meteoritik zum Verständnis der Krater notwendig sind.

Umgekehrt hat ja die Meteoritik auch von der Erforschung irdischer Krater profitiert, ein Beispiel dafür, daß die einzelnen Fächer der Naturwissenschaften nicht auseinanderstrebenden "Zweigen", sondern eher "Bausteinen" vergleichbar sind, die sich an ihren Grenzflächen mit anderen Fächern berühren. Die Grenzen selbst sind nicht naturgegeben, sondern nach praktischen Gesichtspunkten gezogen und müssen zu einer abgerundeten Betrachtung von Objekten und Themenkreisen immer wieder überschritten werden.
Dieser Gedanke wurde in dem vorliegenden Führer verwirklicht, indem außer der Meteoritenkunde auch die geologische Vorgeschichte der im wahren Sinn des Wortes "betroffenen" Gegenden mit dem Kraterführer verbunden wird. Ihre spätere Geschichte wird ebenfalls kurz behandelt - jedes Thema in der Ausführlichkeit, die ihm nach seinem Abstand zum Leitthema "Meteoritenkrater" zukommt.

Der Führer ist in erster Linie für den Gebrauch als Exkursionshandbuch gedacht. Er soll aber nicht nur im Gelände seinen Zweck erfüllen, sondern auch wissenschaftliches Lesebuch sein. Ziel des Verfassers war es, die bisher nicht im Zusammenhang dargestellten Themen Meteoritik, Nördlinger Ries und Steinheimer Becken miteinander und außerdem mit einem Exkursionsführer zu verbinden und so geologisches Denken als direktes Erlebnis in der Landschaft nachvollziehbar zu machen. Es sollte ein vielseitiges, aktuelles und auch verständliches Buch entstehen, um ein hochinteressantes wissenschaftliches Thema weiten Kreisen zugänglich zu machen. Dazu werden Hobbyastronomen und -geologen, Riestouristen und durchaus auch solche Mineralogen, Geologen und Astrophysiker gezählt, die sich noch nicht mit

Meteoritenkratern befaßt haben. Um das Buch für alle Gruppen lesbar zu gestalten, ist auf unnötige Fachausdrücke weitgehend verzichtet worden. Weiter wurden die neben dem Exkursionsteil bestehenden Textteile zweistufig aufgebaut: Je nach Interesse oder Vorbildung ist es möglich, den Führer in einer oder zwei Stufen zu lesen oder, als dritte Möglichkeit, lediglich über das angehängte Glossar in den Stoff einzudringen. Sorgfältig ausgewählte Literaturangaben weisen den Weg zu einer vierten Stufe.

1. Stufe **Der großgeschriebene Text** ist das Gerüst des Führers und soll als "roter Faden" dienen. Hier ist das Wichtigste zusammengefaßt. Am Ende eines großgeschriebenen Abschnitts befindet sich - wo nötig - ein ➔ Hinweis auf die Fortsetzung des "roten Fadens".

2. Stufe **Der kleingeschriebene Text** enthält den Stoff, mit dem das Gerüst nach Belieben und Interesse gefüllt werden kann und soll ein tieferes Verständnis des "Problems" Ries ermöglichen.

3. Stufe Ein **Glossar**, das als Kombination von Stichwortverzeichnis und Worterklärung gestaltet wurde, ergänzt die ersten beiden Stufen erklärend und vertiefend. Das betrifft vor allem die im Text mit Stern* gekennzeichneten Ausdrücke.
Umgekehrt kann man Fragen, die Krater und Meteoriten betreffen, im Glossar nachschlagen und von dort aus in den Text einsteigen. Alle Informationen sind vom Glossar aus bausteinweise zugänglich, ohne daß das Buch von vorne bis hinten gelesen werden muß.
Interessierte Touristen, die sich im Ries oder im Steinheimer Becken aufhalten, jedoch nicht wissen, wie anfangen, schlagen zuerst unter dem Ort nach, an dem sie sich befinden.

4. Stufe Sie ist kein Bestandteil des Führers, sondern besteht aus dessen Quellen und aus weiterführender Literatur. Hinweise werden im Text in Form von AUTORENNAMEN in **Kapitälchenschrift** und als Zitate ausführlich am Ende der beiden Textteile sowie abgekürzt im Glossar gegeben (Namen, die nicht in Kapitälchen gesetzt sind, weisen auch nicht auf zitierte Literatur hin).

Teil 1

Die Meteorite

Abb. 2 Eisenmeteorit (Oktaedrit) von Henbury/Australien mit deutlichen Schmelzgrübchen (Regmaglypten). (Aufnahme: Udo Neumann, Mineralogisches Institut Tübingen)

Meteorit? - Meteor? -Meteorid?

Meteorit Der Name bedeutet "Meteor-Stein", während "Meteor" selbst von griechisch *metéoron*, zu deutsch "Himmelserscheinung", abgeleitet ist.

• Unter einem Meteoriten versteht man einen kleinen, aus dem Weltraum stammenden, natürlichen Körper, der mit einem sehr viel größeren zusammengestoßen oder in dessen Atmosphäre verglüht ist. Das ist die astronomische Auffassung des Begriffs.

• Im engeren Sinn wird das Wort auch für den aufgefundenen, festen Rest eines Meteoriten verwendet. Das ist die mineralogische Auffassung[1], z.B. bei WASSON 1974.

Ursprünglich war der Begriff rein auf die Erde bezogen. Er enthält keine nähere Bezeichnung der Art des gefallenen Körpers. Der Gesichtspunkt des Größenverhältnisses der zusammenstoßenden Körper ist wichtig, weil ein Zusammenstoß von Körpern ähnlicher Größe anders verläuft, als der von Körpern sehr verschiedener Größe und deshalb kein meteoritischer Zusammenstoß ist.

Meteore ... sind Himmelserscheinungen, die beim Atmosphärendurchgang eines Meteoriten entstehen. Dazu zählen Sternschnuppen, Feuererscheinungen, sog. Feuerbälle und Boliden (griech. bolis, Geschoß), Rauch- und Schallerscheinungen (Donnerstein!).

Meteorid/Meteoroid Nach den obigen Definitionen gibt es also im All selbst keine Meteorite. Für das, was der Meteorit vor seinem Fall im Weltall war, gibt es die neutrale Bezeichnung Meteorid oder auch Meteoroid. Dazu zählen alle Körper, die mit größeren anderen zusammenstoßen können, sich also auf entsprechenden Bahnen befinden. Weil diese Körper aber bekannt und schon mit Sammelnamen belegt sind, z.B. Planetoide, wird im weiteren Text auf die Bezeichnung Meteorid verzichtet. Der Begriff wird fallweise durchaus noch gebraucht, in der englischsprachigen Literatur sogar häufig, z.B. in CEPLECHA 1992.

---

[1] d.i.: von der Arbeitsweise her. Natürlich kennen auch die Mineralogen, die astronomische Definition

Meteoriten in der Geschichte

Das erste Eisen der Menschheit

Auf der Erde kommt elementares Eisen nur sehr selten und dann fein verteilt in Vulkangesteinen (Basalten) vor. Sonst ist Eisen beispielsweise in Form von Erzen an andere Elemente gebunden. Erst durch Verhüttung des Erzes kann das Eisen daraus gewonnen werden. Die Technik der Eisenverhüttung wurde erstaunlich früh gefunden, in Ägypten etwa um 2000 v.Chr., im Hethiterreich in Kleinasien um 1200 v.Chr. und in China um 500 v.Chr. (Beginn der jeweiligen Eisenzeit). Im allgemeinen ging sie aus der älteren Technik der Verhüttung von Kupfererz hervor.
Bis dahin, durch die vielen Jahrtausende, seit die Menschen gelernt hatten Waffen und Werkzeuge herzustellen, waren zufällige Funde einer bestimmten Art von Meteoriten die einzige Eisenquelle.
Dafür, daß sie auch tatsächlich verwertet wurden, spricht die Seltenheit moderner Meteoritfunde in Asien, Nordafrika und Europa - Erdteile, in denen sich schon sehr früh Hochkulturen entwickelten. Noch in der Antike wurden Münzen aus Meteoreisen geprägt.

Die Messer der Eskimos

Manche Eskimo-Gruppen verwendeten noch bis in die jüngste Vergangenheit meteoritisches Eisen: Dem Polarforscher Robert E. Peary (1856 - 1920) wurde 1893, während seiner dritten Grönlandexpedition, auf der Insel Savigsivig bei Kap York (auch Savissivig oder Meteorit-Insel) der sagenhafte Stein Ahnighito gezeigt. Sein Name bedeutet "das Zelt". Es war ein Eisenmeteorit, ein sogenannter Oktaedrit, der dort im Schotter einer Moräne steckte. Lange Zeit hatten die Eskimos Eisenstücke von ihm abgeschlagen um daraus Messerschneiden und Harpunenspitzen herzustellen. Nach diesem Meteoriten wurde sogar die in Grönland geborene Tochter der Pearys auf den Namen Marie Ahnighito getauft. In vier Polarsommern

wurde er ausgegraben, dann konnte Peary ihn 1897 mit seinem Schiff "Hope" nach New York bringen.
Seitdem ist er als größter jemals gesammelter Meteorit im dortigen "Museum of Natural History" zu besichtigen. Er wiegt heute noch 33,1 Tonnen und ist 3,5m x 2m x 1,5m groß. Zwei weitere Großmeteoriten von Savigsivig, die "Frau" und der "Hund" (3 Tonnen bzw. 400 kg schwer), sind ebenfalls dort ausgestellt. Später fanden dänische Forscher noch zwei Meteoriten in derselben Gegend, die sich nun in Kopenhagen befinden. Darunter ist der 20 t schwere Agpalilik.

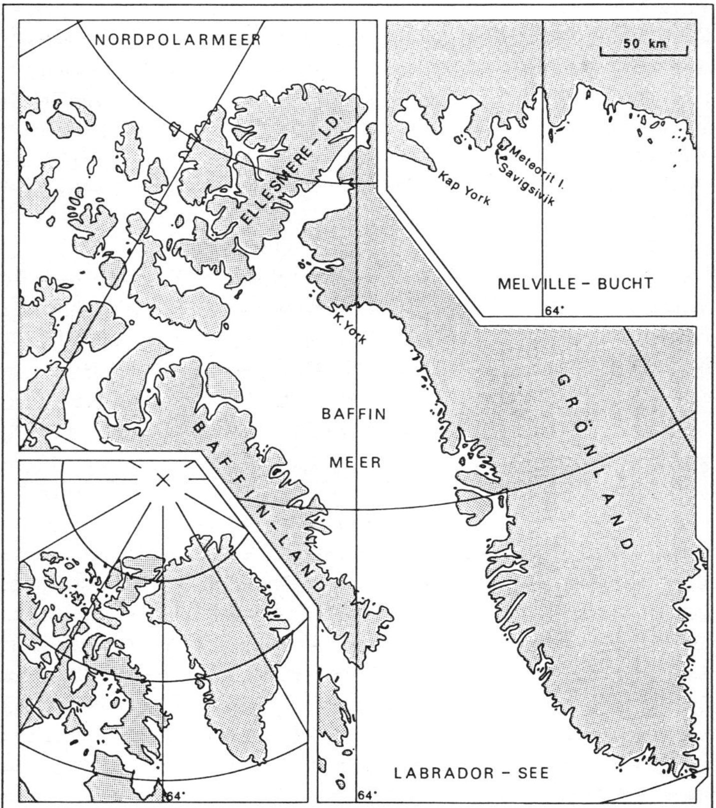

Abb. 3 Die Meteorit-Insel bei Kap York im Baffinmeer.

Schon 1818, auf der Fahrt mit der "Isabella" durch das Baffinmeer, hatte der Polarforscher John E. Ross (1777-1856) von Eskimos ein Messer erworben, bei dem der Griff aus Knochen, die Schneide aber aus Meteoreisen gefertigt war, was sich allerdings erst später herausstellte. Das kosmische Eisen stammt höchstwahrscheinlich ebenfalls von Savigsivig. Das Messer befindet sich heute im Londoner "Museum of Natural History".

Zeichen Gottes

Hadschera el Assuad. Den vom Himmel gefallenen Steinen wurde von den Menschen seit jeher Verehrung entgegengebracht. Bekanntestes Beispiel ist der an der Südostecke der Kaaba zu Mekka eingemauerte heilige schwarze Stein "Hadschera el Assuad". Es ist ein Steinmeteorit! Von jedem Pilger wird er nach Beendigung der sieben Umrundungen der Kaaba geküßt. Er wurde schon in vorislamischer Zeit verehrt.

Der "Donnerstein" von Ensisheim. Einer der ältesten Berichte über den Niedergang eines heute noch erhaltenen Meteoriten stammt von dem Straßburger Dichter und Juristen Sebastian Brant (1457-1521). Seine "Flugschrifft": "Von dem donnerstein gefalle im XCII iar vor Ensishein." betrifft den kurz zuvor, am 7.11.1492 gefallenen Steinmeteoriten von Ensisheim im Elsaß, 14 Kilometer nördlich Mülhausen. Der Stein soll damals etwa 130 kg gewogen haben. Nach der heutigen Einteilung der Meteorite wird er als Chondrit[1] bezeichnet. Der Fall war von einem großen Donnerschlag begleitet, den man bis Uri, Burgund und ins Neckarland gehört haben soll.
Brants Absicht war aber weniger, ein Naturereignis zu schildern, sondern mehr politischer Art: Frankreich versuchte damals, sich die burgundischen Besitzungen Habsburgs einzuverleiben, und der zur Verteidigung mit seinem Heer heranziehende König Maximilian I von Österreich wurde im Elsaß erwartet. Nun verfaßte Brant in Basel eilig ein Gedicht, darin er den Fall als göttliches Zeichen gegen die Franzosen darstellt, und damit den Krieg gegen Frankreich in der öffentlichen Meinung unterstützt (BRANT 1492; HEITZ 1915).

[1] Einteilung der Meteorite: Tabelle 3, S. 23

Einige Tage nach Erscheinen der Flugschrift kam Maximilian mit seinen Truppen nach Ensisheim und besichtigte den Donnerstein. Dann befahl er, zwei Stücke davon abzuschlagen und ihn in der Kirche aufzuhängen.
Maximilian beendete seinen Heerzug erfolgreich mit dem Vertrag von Senlis. 1508 wurde er zum deutschen Kaiser gekrönt. Der noch 55 Kilogramm schwere Rest des Meteoriten ist heute in der "Regentschaft" gegenüber dem Ensisheimer Rathaus zu besichtigen[1].

Abb. 4 Titelbild von Sebastian Brants Flugschrift.

Aristoteles und Chladni

Die Erkenntnis, daß die Meteorite aus dem All stammen, wurde lange Zeit durch die von der Kirche anerkannte, aristotelische Weltanschauung behindert. Danach bewegten sich die Gestirne in kristallenen Schalen oder Sphären, die sie nicht durchbrechen konnten.
Später leugneten unausgereifte Vorstellungen der "aufgeklärten" Physik, daß Steine vom Himmel fallen könnten. Es war klar bewiesen, daß Steine schwerer sind als Luft, und nach Meinung der

[1] Anfrage im Rathaus - man spricht deutsch.

damaligen Wissenschaft war es deshalb unmöglich, daß sie fliegen können. Nur die einfachen, unverbildeten Leute aller Epochen glaubten, was sie sahen.
Im 19. Jahrhundert war schließlich auch die Wissenschaft soweit, vorbereitet durch eine 1794 in Riga von dem deutschen Naturwissenschaftler CHLADNI (1756-1827) verfaßte Schrift, in der er für die Glaubwürdigkeit der Augenzeugen und die kosmische Herkunft der Meteorite eintrat.

Aber Meteorite machen nicht nur Geschichte, sondern auch Geschichtchen:

Der 625 Kilogramm schwere Eisenmeteorit von La Caille in den Provenzalischen Alpen wurde im Jahr 1828 dadurch entdeckt, daß ein am Ort sich aufhaltender Wissenschaftler genauer hinschaute: Der himmlische Körper hatte sein Dasein seit 200 Jahren als Bank vor der Dorfkirche gefristet!

Und noch eins: Der Naturforscher Widmannstätten schenkte Chladni einmal ein Federmesser, das aus dem ums Jahr 1400 gefallenen Eisenmeteoriten von Elbogen in Böhmen geschmiedet und kunstvoll damasziert* war. Das Messer hatte es in sich: Der Sage nach sollte in diesem Meteoriten die Seele eines Burggrafen von Elbogen stecken. Meteoritenforscher unter sich!

Etwas Himmelsmechanik ...

Das Sonnensystem besteht vor allem aus dem Zentralkörper Sonne, in dem 99,87 % der Masse des Systems vereinigt sind. Um die Sonne bewegen sich auf Ellipsenbahnen verschiedene kleinere Körper wie die Planeten.
Die Bahnellipsen aller Körper liegen so, daß in einem ihrer Brennpunkte die Sonne steht (**1. Keplersches Gesetz** - gilt wie die weiteren Bahngesetze nur für ungestörte Bahnen genau). Die Bewegung der Planeten verhindert, daß sie in die Sonne stürzen, weil die dabei auftretende und nach außen gerichtete Fliehkraft der nach innen gerichteten Anziehungskraft der Sonne die Waage hält. ➔ S. 16

Die Fliehkraft (F_Z) ist gegeben durch:

$$F_Z = M_p r\, \omega^2$$

Die Anziehungskraft (F_g) zwischen Sonne und Planet ist:

$$F_g = G\, M_s\, M_p / r^2$$

ω	=	Winkelgeschwindigkeit des Planeten
r	=	Abstand Sonne - Planet
M_p	=	Masse des Planeten
M_s	=	Masse der Sonne
G	=	Gravitationskonstante

Auf einer elliptischen (= geschlossenen!) Umlaufbahn muß $F_Z = F_g$ sein (sonst wäre sie nicht geschlossen!), also gilt:

$$M_p\, r\, \omega^2 = G\, M_s\, M_p / r^2 \qquad \text{oder ...}$$

$$\omega^2 r^3 = G\, M_s$$

Das ist das **3. Keplersche Gesetz**. Es enthält folgende Aussagen:

- Das Produkt aus dem Quadrat der Winkelgeschwindigkeit und dem Kubus (der 3. Potenz) des Sonnenabstandes ist innerhalb eines Sonnensystems konstant und für alle Planeten gleich.
- Zu jeder Umlaufbahn gehört eine bestimmte Winkelgeschwindigkeit.

Je größer also der Sonnenabstand, desto kleiner die Winkelgeschwindigkeit und desto länger auch das Planetenjahr. Man sieht außerdem, daß die Planetenmasse selbst keine Rolle spielt.
Die Beziehung zwischen Sonnenabstand und Winkelgeschwindigkeit gilt auch für die elliptische Bahn eines einzelnen Planeten: Ein sich auf den sonnennächsten Punkt (Perihel) zu bewegender Planet erfährt eine wachsende Anziehungskraft

und wird dadurch immer schneller. Die größte Geschwindigkeit hat er also im Perihel, die kleinste im Aphel, dem Punkt des größten Sonnenabstandes. Diese Beziehung wird mit anderen Worten im **2. Keplerschen Gesetz** ausgedrückt:

- Auf einer elliptischen Umlaufbahn, mit der Sonne im Brennpunkt, gilt: Der "Fahrstrahl" Sonne - Planet überstreicht in gleichen Zeiten gleich große Ellipsensektoren. $r_1 v_1 = r_2 v_2$, wobei r der Fahrstrahl und v jeweils die Geschwindigkeit auf der Strecke s ist.

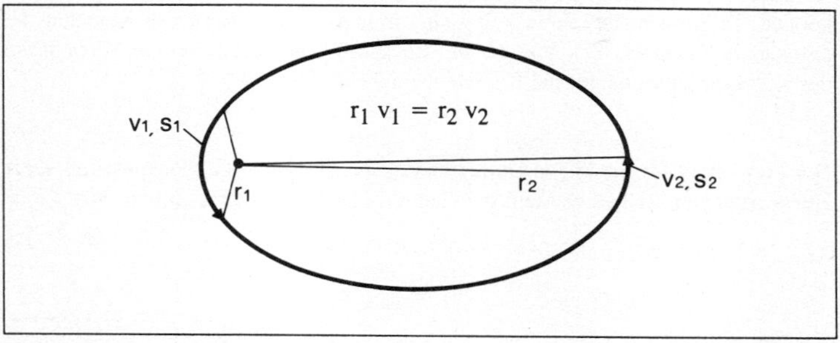

Abb. 5 Das 2. Keplersche Gesetz.

Die Formen der Umlaufbahnen unterscheiden sich sehr stark: Venus, Neptun und Erde bewegen sich fast auf Kreisbahnen, viele Kometen dagegen auf sehr exzentrischen, zigarrenförmigen Bahnen. Auch Parabel- und Hyperbelbahnen und solche, die aus verschiedenen Kurven zusammengesetzt sind, kommen vor. Der Drehsinn ist bei allen Planeten gleich, bei Kometen und Planetoiden kommen aber auch rückläufige Bahnen vor.

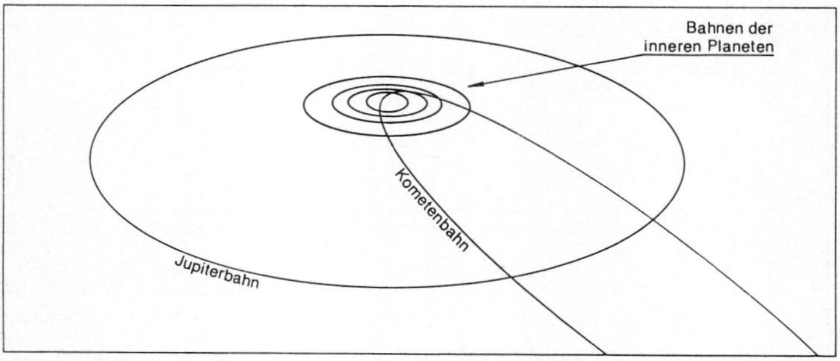

Abb. 6 Typische Gestalt der Bahn eines "eingefangenen" Kometen im Vergleich zu den Planetenbahnen.

Bahnkurvenwechsel kommen bei den relativ kleinen Körpern wie Kometen und Planetoiden häufig vor und unter diesen besonders bei solchen, die stark exzentrische Bahnen beschreiben. Bei ihrem langen Flug vom Rand zum Zentrum des Sonnensystems und wieder hinaus ins All unterliegen sie den gravitativen Einflüssen aller Planeten und Monde, in deren Nähe sie gelangen. Deshalb sind Bahnberechnungen für langperiodische Kometen stets sehr kompliziert.
Auch bei Berücksichtigung derartiger Einflüsse (Bahnstörungen) reichen die Keplerschen Gesetze für die Beschreibung einer Kometenbahn nicht aus, weil Kometen nicht einfach als durch den Raum treibende Massen aufgefaßt werden können. In Sonnennähe entwickelt sich nämlich um den Kern des Kometen die sogenannte Koma (S. 17), von der ein Rückstoß gegen die jeweilige Sonnenseite des Kerns ausgeht und der die Kometenbahn beeinflußt.

Die Form einer regelmäßigen Umlaufbahn kann durch das Größenverhältnis ihrer Halbachsen beschrieben werden, die "numerische Exzentrizität" (ε).

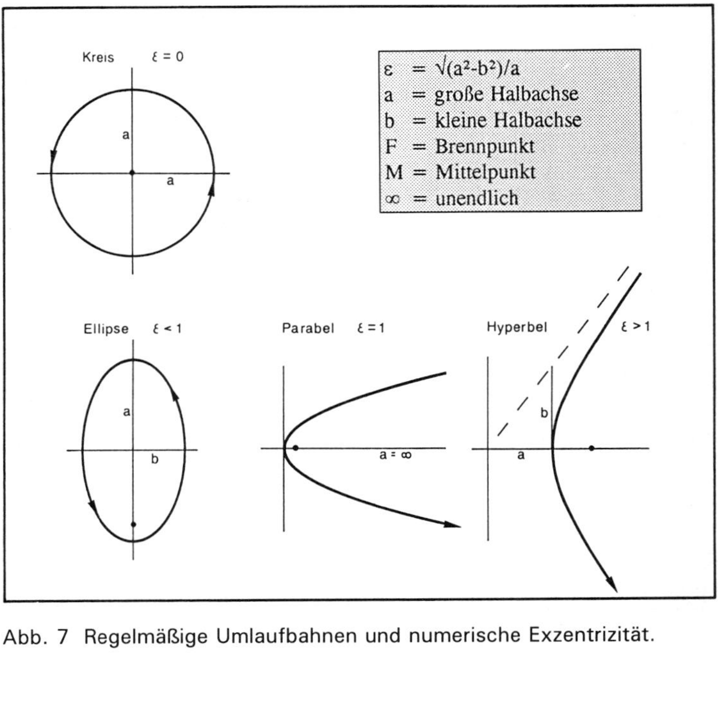

Abb. 7 Regelmäßige Umlaufbahnen und numerische Exzentrizität.

Tab. 1 Die Körper des Sonnensystems im Überblick.

Zum Inventar des Sonnensystems gehören:

- Sonne.
- Sonnenwind* (Materieabstrahlung der Sonne).
- 9 Planeten: Merkur, Venus, Erde, Mars, Jupiter, Saturn, Uranus, Neptun, Pluto.
- Kleinplaneten unbekannter Zahl auf elliptischen Bahnen im äußeren Sonnensystem. Erst in jüngerer Zeit wurden derartige Objekte jenseits Pluto gesichtet. Sie sind vermutlich von planetoider Größe.
- Planetoiden (= Asteroiden) in der Größenordnung von rund 100 Milliarden und mit Durchmessern zwischen 1020 km (Ceres) und wenigen Metern sowie Steine und Staub im Planetoidengürtel zwischen Mars- und Jupiterbahn.
- Planetoiden auf exzentrischen Bahnen: Apollo- und Amorplanetoiden.
- Kometen (vor allem am Rand des Sonnensystems) und Kometenreste, ebenfalls größenordnungsmäßig 100 Milliarden.
- 56 größere Monde (Erde 1, Mars 2, Jupiter 16, Saturn 19, Uranus 15, Neptun 2, Pluto 1). Dazu kommen bei Ringplaneten und sogar bei Planetoiden zahlreiche Zwergmonde mit Durchmessern unter 10 Kilometern.
- Ringsysteme bei Jupiter, Saturn, Uranus, Neptun.
- Interplanetarische Materie: Felsbrocken, Staub.

Eine nicht zu verschweigende, neuere Erwerbung des Sonnensystems ist der Weltraummüll.

Die Herkunft der Meteorite

Meteoriten bilden keine eigenständige Klasse von Himmelskörpern, sondern "entstehen" erst durch den Absturz von Körpern verschiedener Art (vergleiche die Definitionen S. 6). Aus dem Inventar des Sonnensystems (S. 15) kommen dafür vor allem vier Gruppen in Betracht:

- Planetoide auf exzentrischen Bahnen. Für Mars und Jupiter außerdem die ihnen benachbarten Gürtelplanetoiden.

- Abstürzende Brocken aus Ringsystemen (bei Ringplaneten). Es gibt Vorstellungen, nach denen auch die Erde zeitweilig einen Ring besessen hat, der anschließend in Form von Meteoriten abgestürzt ist (O'KEEFE 1980).

- Interplanetarische Materie.

- Kometen und Kometenreste. Die wohl bedeutendste Meteoritenquelle, da sowohl die interplanetarische Materie als auch die Planetoide auf exzentrischen Bahnen im Verdacht stehen, ebenfalls Überreste von Kometen zu sein.

Kometen

Kometen (von griech. *kométes* = Haarstern) bestehen aus Eis und anderen gefrorenen Flüssigkeiten und Gasen sowie darin eingelagerten Steinbrocken und Staub. Ihre Kerne dürften in den meisten Fällen nur wenige Kilometer Durchmesser haben.
Aus zurückverfolgten Bahnen langperiodischer Kometen kann man schließen, daß sich am äußersten Rand des Sonnensystems eine Kometenwolke befindet, die Öpik-Oort-Wolke, von der aus manchmal ein Komet ins innere Sonnensystem vordringt. Verfolgt er dabei eine parabelähnliche Bahn, so wird sein Besuch einmalig sein. Wird er aber durch einen Planeten abgelenkt, kann er auf eine Ellipsenbahn einschwenken und regelmäßig wiederkommen. Dann wird er

jedesmal, wenn er in Sonnennähe gelangt, in Form der Kometenschweife einen Teil seiner Masse verlieren. Denn bei dem fehlenden Außendruck reicht die geringe Erwärmung durch die Sonnenstrahlen aus, das Kometeneis verdampfen zu lassen.

• **Gaskoma**. Wenn das Eis verdampft, bildet sich zuerst die Koma, der sichtbare Kopf des Kometen. Sie kann eine Million Kilometer Durchmesser erreichen und besteht aus Gas und Staub. In Kernnähe enthält die Gaskoma zunächst noch Wasserdampf und etwas Kohlenmonoxid. Dazu kommen geringe Anteile von Kohlendioxid, Methan, Ammoniak, Blausäure und andere Gase sowie Spuren von auf der Erde unbekannten Gasen wie Monocyan (CN), Dikohlenstoff (C_2) und Monazen (NH). Unter dem Einfluß der Strahlung werden die Gase zersetzt und ionisiert.

Die Raumsonde Giotto, die den Halleyschen Kometen am 14. März 1986 in nur 600 Kilometer Abstand passierte, registrierte selbst in solcher Kernnähe nur noch eine Mischung aus Originalmolekülen und Bruchstücken davon. Bei einer geschätzten Kernmasse von 100 Milliarden Tonnen betrug die Gasproduktion schon 20 Tonnen pro Sekunde. Dagegen verlor der alte, aber auch kleinere Komet Grigg-Skjellerup kaum 100 kg je Sekunde, als Giotto ihm am 10. Juli 1992 im Perihel begegnete.

• **Kometenschweife.** Der Sonnenwind* entwickelt aus der Gaskoma den riesigen Gasschweif von bis zu 25 Millionen Kilometern Länge! Zum Vergleich beträgt der Durchmesser der Sonne "nur" 1,392 Millionen Kilometer und die mittlere Entfernung Erde - Sonne 149,566 Millionen Kilometer. Letztere wird als die "astronomische Einheit" bezeichnet und ist das Entfernungsmaß im Sonnensystem.

Wie der Sonnenwind* von der Sonne radial nach außen "weht", zeigt auch der Gasschweif stets von der Sonne weg. Etwas kürzer ist der Staubschweif, der, getrieben vom Strahlungsdruck*, bogenförmig von der Sonne wegweist. Der Bogen ist der sichtbare Anfang der von den Staubteilchen beschriebenen Bahnkurve.

So bleiben von einem regelmäßig wiederkommenden Kometen irgendwann nur noch die steinigen Reste übrig, die sich dann als dunkle Körper durch das Sonnensystem bewegen. Noch viele Umläufe lang verfolgen sie die ehemalige Kometenbahn und können sich dabei auf deren gesamte Länge verteilen. Auch die im inneren Sonnensystem zurückgelassenen Staubfahnen sind solche Reste. Kreuzt ein Planet ihre Bahn, so fallen sie als Meteoritenschauer auf ihn herab. Diese durchs All ziehenden Kometenreste heißen daher auch Meteorströme. Einige von denen, deren Bahn die Erde kreuzt, sind in Tabelle 2, S. 19 aufgeführt. Von den dort erwähnten Orioniden und Eta-Aquariden ist bekannt, daß sie vom Halleyschen Kometen stammen.

Wesentlich seltener als die Reste stoßen ganze Kometen mit einem der Planeten zusammen, aber auch das muß erwogen werden und wird immer wieder zur Grundlage mehr oder weniger abenteuerlicher Hypothesen gemacht. So soll das Wasser auf der Erde von Kometen stammen und nach einer anderen Hypothese soll sogar das Leben von Kometen auf die Erde gebracht worden sein! Grundlage dieser Annahme sind Anzeichen für organische Moleküle im Kometeneis (HOYLE & WICKRAMASINGHE 1979 a+b; GREENBERG 1984).

Abb. 8 Der Komet West bei seinem Besuch im inneren Sonnensystem 1976 (Aufnahme: Wolfgang Grzybowski, Astronomisches Institut Tübingen).

Tab. 2 Die wichtigsten Meteorströme.

Meteorstrom	Durchgangszeit der Erde
Quadrantiden	Anfang Januar (3.1.)
Lyriden	um den 22. April
Eta-Aquariden	Anfang Mai (5.5.)
Delta-Aquariden	Monatswende Juli-August
Perseiden	um den 11. August
Draconiden	um den 10. Oktober
Orioniden	Ende Oktober (21.10.)
Tauriden	Anfang November (5.11.)
Leoniden	um den 15. November
Geminiden	Mitte Dezember (14.12.)

Der Tunguska-Meteorit

Möglicherweise handelte es sich im Fall des sogenannten "Tunguska-Meteoriten" um einen kleinen Kometen oder Planetoiden:
Im Jahr 1908 waren am 30. Juni in verschiedenen Teilen Europas Beobachtungen gemacht worden, die die Aufmerksamkeit von Wissenschaft und Öffentlichkeit erregten: In England wurden von Norden kommende Luftwellen großer Stärke registriert. In der Gegend von Göteborg und von Aberdeen blieb es an diesem Tage hell bis nach 24 Uhr und in Südengland wurde es zwei Nächte hintereinander überhaupt nicht dunkel. Dazu kamen ungewöhnlich farbig schillernde Sonnenuntergänge. Die Gebirgsseismographen von Jena und Tiflis verzeichneten Erdbebenstöße, als deren Herd Sibirien festgestellt wurde. Doch die Zusammenhänge wurden damals nicht erkannt.

"Es vergingen die Jahre, und es kam der Erste Weltkrieg. Die Menschen hatten an anderes zu denken als an diese unerklärten Aufzeichnungen im Dunkel der wissenschaftlichen Archive. Da begannen anfangs 1920 plötzlich Berichte aus einem entlegenen, schwer zugänglichen Teile Rußlands durchzusickern, wonach mehrere Jahre vor Kriegsausbruch dort eine ungeheure Explosion stattgefunden hatte."
(Zitat aus "Wenn die Elemente wüten" von FRANK LANE)

Diese Berichte stammten von Bauern, Lokomotivführern, Reisenden und Pelzjägern in Mittelsibirien. Man vermutete den Einschlag eines außerirdischen Körpers im Flußgebiet der Steinigen Tunguska und so wurden ab 1921 mehrere Expeditionen unter der Leitung des Leningrader Mineralogen und Geologen L.A. Kulik dorthin entsandt. Sie fanden 1927 in den sumpfigen Wäldern bei 60°55' N, 101°57' O, 50 Kilometer nördlich der Siedlung Wanawara auf einer Fläche von 30 Kilometer Länge und der halben Breite sämtliche Bäume umgestürzt oder abgebrochen. Im Umkreis bis 65 Kilometer lagen noch Teile des Waldes oder einzelne Bäume am Boden. Die Baumkronen wiesen alle von der Mitte des Gebiets nach außen, doch in der Mitte selbst fehlte ein den Zerstörungen entsprechender Krater völlig. Nur ein großes Moor mit kleinen, flachen Mulden war zu sehen. Im Boden wurden glasige und metallische Kügelchen gefunden, die eine anomale Nickel- und Iridiumkonzentration aufwiesen (KULIK 1927, GROSS 1928, KULIK 1933, KRINOW 1966).

Nachdem die verschiedenen Begleiterscheinungen des Ereignisses bekannt geworden waren, begann man zu rätseln, was geschehen sein konnte. Die Vermutungen kreisten um so verschiedene Ursachen wie Absturz eines außerirdischen Raumschiffs, eine Atomexplosion, Einschlag von Antimaterie, eines Schwarzen Mini-Lochs, eines Eisenmeteoriten und eines Kometen. Dieses grelle Panoptikum von Vorschlägen zeigte vorerst nur die Unreife der beteiligten Wissenszweige. Jahrzehntelang war die wissenschaftliche Diskussion von Modeströmungen und Sensationsmache beherrscht. Doch wird der letzte Vorschlag eben durch das Fehlen eines Kraters wahrscheinlich, während die vier ersten heute nicht mehr ernsthaft diskutiert werden.

Die geringe Festigkeit und Dichte eines Kometen begünstigt ein Zerplatzen in der Luft, so daß vielleicht nur die atmosphärische Stoßwelle den Boden erreicht hat. Auch die in Westeuropa beobachteten Leuchterscheinungen lassen an einen Kometen denken, dessen Staubschweif die Sonne widerspiegelte. Nach einem Modell, das auch die Flugbahn berücksichtigt, könnte es ein Bruchstück von 100000 Tonnen des Kometen Encke gewesen sein, ein anderes zog den Kometen Pons-Winnecke in Betracht. Neuere Rekonstruktionsversuche des Tunguska-Ereignisses führen jedoch zu einem Steinmeteoriten von rd. 100 m Durchmesser und ungefähr dem 10fachen Gewicht (SEKANINA 1983, HILLS & GODA 1993). Doch bleibt das Tunguska-Ereignis vielleicht für immer ein Rätsel!

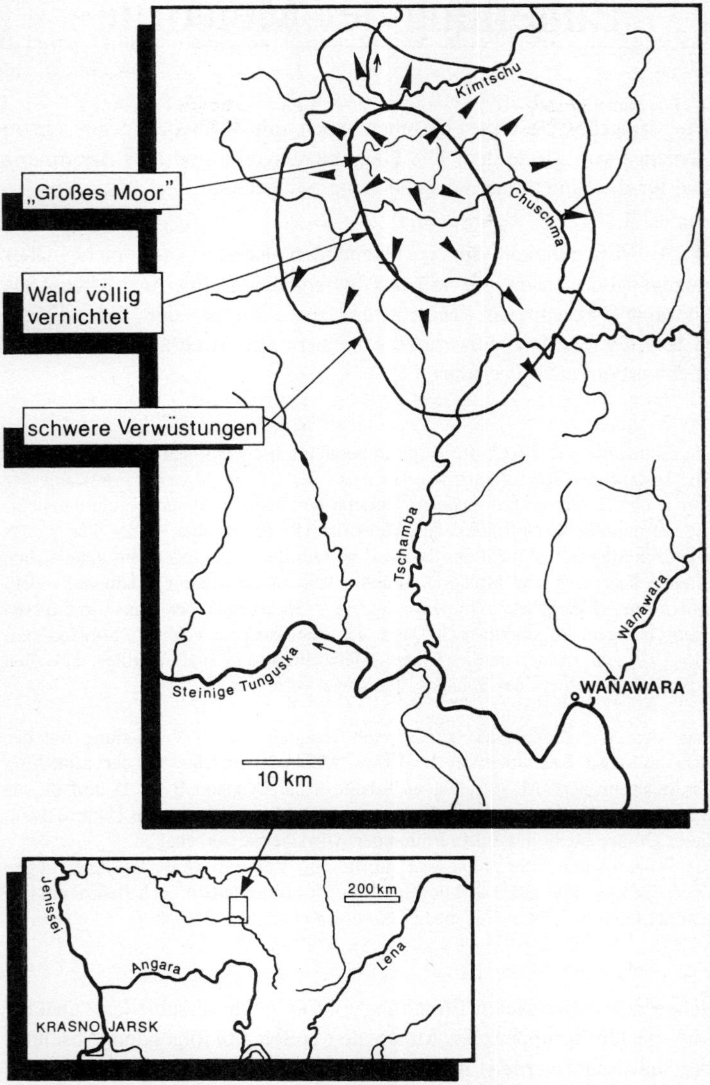

Abb. 9 Das Explosionsgebiet an der Steinigen Tunguska. Nach FESEJENKOW & KRINOW 1960.

Einteilung der Meteorite

Wie irdische Gesteine bestehen auch die Meteorite aus einem Gemenge von Mineralen. Die Hauptgemengteile und ihre Anordnung sind für die Einteilung und Benennung maßgebend.

■ Auf Einzelheiten der nachstehenden Tabelle kann nicht näher eingegangen werden, sie soll nur helfen, einen etwa im Museum als Lodranit bezeichneten Meteoriten zur Gruppe der Stein-Eisen-Meteoriten (SEM) zugehörig zu erkennen. Die Mineralnamen sind im Stichwortverzeichnis erklärt.

Die Einteilung der Meteorite folgt mineralogisch-chemischen Gesichtspunkten. Alle bestehenden Klassifikationen bauen auf der von B. MASON (1962) auf, der aber noch die rein erdbezogene Auffassung des Begriffs Meteorit zugrundeliegt. Die astronomische Definition der Meteorite (S. 6) ist aber etwas weiter, das heißt, ein Meteorit ist nicht nur das, was wir auf der Erde finden und untersuchen können. Einerseits sind Meteorite (Funde) vom Mond bekannt, andrerseits weiß man von Meteoriten (Fällen) anderer Himmelskörper aus indirekten Beobachtungen. So stürzte nach Daten der amerikanischen Sonde "Solwind" am 30.8.1979 ein Komet in die Sonne. Meteoritenkrater sind überdies auf allen erdähnlichen Körpern des Sonnensystems weit verbreitet.

Nach dem im vorangegangenen Kapitel Gesagten und in Verbindung mit der astronomischen Bedeutung des Begriffes "Meteorit", möchte ich der Einteilung der Meteorite nach MASON, die in Tabelle 3 die Gruppen B bis D umfaßt, als erste Gruppe die der gefallenen Kometen voranstellen. Eine nähere Untersuchung dieser Gruppe bleibt den Fortschritten der Astrochemie vorbehalten.
Die Klassifikation der Meteorite dürfte in Zukunft weiteren Änderungen unterliegen, weil zu einer wirklichen Übersicht offensichtlich noch Beobachtungsmaterial fehlt. So gibt es z.B. bisher nur einen einzigen Siderophyr.

Neben der verwendeten Einteilung gibt es noch verschiedene andere. Nur die Großgruppen der Meteoriten sollen im folgenden Abschnitt kurz umrissen werden, mit Ausnahme der Eis-Stein-Meteoriten, von denen noch zu wenig bekannt ist. Das heißt, der Sturz eines Kometen auf die Erde wurde noch nie nachgewiesen (vgl. SILVER & SCHULTZ 1982).

Tab. 3 Einteilung der Meteorite.

A **Eis-Stein-Meteorite** (Kometen)

B **Steinmeteorite**

1 **Kohlige Chondrite**

2 **Chondrite**
- Enstatit-Chondrite
- Olivin-Bronzit-Chondrite
- Olivin-Hypersthen-Chondrite
- Karbonat-Chondrite

3 **Achondrite**

kalziumarme Achondrite:
- Enstatit-Achondrite (Aubrite)
- Hypersthen-Achondrite (Diogenite)
- Olivin-Achondrite (Chassignite)
- Olivin-Pigeonit-Achondrite (Ureilite)

kalziumreiche Achondrite:
- Augit-Achondrite (Angrite)
- Diopsid-Olivin-Achondrite (Nakhlite)
- Maskelynit-Pyroxen-Achondrite (Shergottite)
- Pyroxen-Plagioklas-Achondrite (Eukrite u. Howardite)

C **Stein-Eisen-Meteorite**
- Olivin-SEM (Pallasite)
- Bronzit-Tridymit-SEM (Siderophyre)
- Bronzit-Olivin-SEM (Lodranite)
- Pyroxen-Plagioklas-SEM (Mesosiderite)

D **Eisenmeteorite**
- Hexaedrite
- Oktaedrite
- Ataxite

Steinmeteorite

... bestehen zur Hauptsache aus Silikaten*. Daneben können andere Mineralklassen (Karbonate*, Sulfide*) und Metalle auftreten.

1 **Kohlige Chondrite** (von griech. *chóndros*, Korn) bestehen aus einer feinkörnigen, lockeren Grundmasse mit eingebetteten Chondren. Das sind millimetergroße Kügelchen silikatischer Zusammensetzung, vor allem aus Olivin*, Pyroxen*, Pigeonit*, Nickel-Eisen, Troilit*, Silikatglas u.a. Daneben kommen unregelmäßig geformte Einsprenglinge vor, deren Minerale kalzium- und aluminiumreich sind. Eine Überraschung bereitete die Untersuchung der Grundmasse: Man fand darin organische Verbindungen! Die erste Aufregung darüber hat sich allerdings gelegt, man weiß inzwischen, daß sich auch kettenförmige Kohlenstoffverbindungen im Weltraum bilden und durchaus nicht als Reste ehemaligen Lebens aufgefaßt werden müssen (vgl. S. 18). In interstellaren Wolken, Materieanhäufungen zwischen den Sternen, ist sogar Alkohol nachgewiesen worden! (KELLER 1986) Ähnlich wie Kometen oder irdische Ablagerungsgesteine sind Kohlige Chondrite Zusammenballungen von Materie, die an verschiedenen Orten unter verschiedenen Bedingungen gebildet wurde.

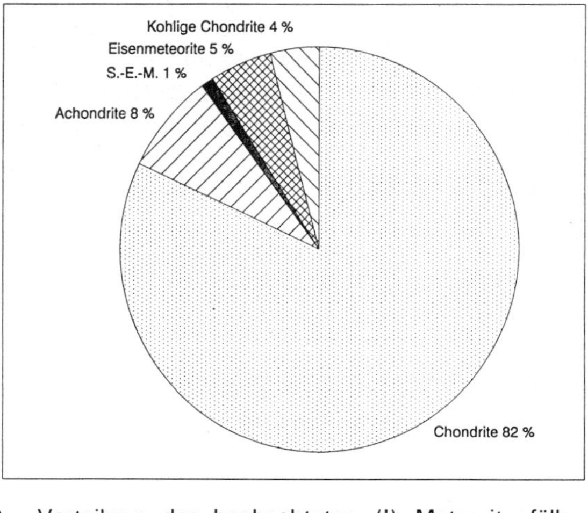

Abb. 10 Verteilung der beobachteten (!) Meteoritenfälle auf die Großgruppen.

2 **Chondrite**. Die häufigste Meteoritengruppe. Sie enthalten ebenfalls Chondren, jedoch keine Einsprenglinge. Im Gegensatz zu den Kohligen Chondriten weist die Grundmasse der Chondrite eine ähnliche Zusammensetzung auf wie die Chondren. Chondrite werden als Urmaterie, als Reste aus der Zeit vor der Bildung des Sonnensystems angesehen.

3 **Achondrite** entsprechen in ihrer Zusammensetzung etwa einem basischen bis ultrabasischen Gestein, wie es in der unteren Erdkruste und im Erdmantel vorkommt. Wie der Name sagt, sind keine Chondren enthalten.

Abb. 11 Eukrit mit angeschmolzener Oberfläche (Meteorit von Stannern/Mähren). (Aufnahme: Udo Neumann, Mineralogisches Institut Tübingen)

Stein-Eisen-Meteorite

… werden aus einer Nickel-Eisen-Grundmasse und darin eingelagerten Silikaten* gebildet. Der Anteil beider Bestandteile ist etwa gleich groß.

Eisenmeteorite

... werden ihrer auffällig rostroten Verwitterungsfarbe und ihrer Schwere wegen am häufigsten gefunden. Der Gesamt-Nickelgehalt liegt zwischen 5 und 15 Prozent.

Oktaedrite bestehen aus symmetrisch einander durchdringenden, plattigen Eisenkristallen mit niedrigem Nickelgehalt (Balkeneisen, Kamazit), die von einer Schicht aus Bandeisen (Taenit) mit einem Nickelgehalt von rd. 12% überzogen sind und deren Zwischenräume eine feinkristalline Grundmasse aus Nickel-Eisen-Kristallen füllt (Fülleisen, Plessit). Dieses Gefüge ist nach den Flächen des Oktaeders angeordnet und erscheint nach Anschleifen und Ätzen als sogenannte Widmannstättensche oder Widmannstettersche Figuren*.

Hexaedrite bestehen vorwiegend aus Kamazit. Beim Ätzen einer angeschliffenen Fläche erscheinen die nach den Flächen des Würfels angeordneten Neumannschen Linien, über deren Natur noch Zweifel bestehen.

In **Ataxiten** ist kein symmetrisches Gefüge erkennbar.

Abb. 12 Widmannstättensche Figuren in einem angeschliffenen Oktaedriten (Meteorit von Carlton/Texas). (Aufnahme: Udo Neumann, Mineralogisches Institut Tübingen).

Meteoriten fallen auf die Erde

"Als ich gestern abend auf meinem Elephanten ritt, erstaunte ich, als ich am Himmel aufwärts sah und in beträchtlicher Entfernung in der Luft einen großen Feuerball bemerkte, ungefähr in der Größe einer achtzehnpfündigen Kugel und mit einem flammenden Schweif, eine Elle lang, welche mit wunderbarer Geschwindigkeit zur Erde niederging. Ungefähr eine halbe Minute nach der ersten Wahrnehmung des Meteors berührte er die Erde, rollte auf mich zu und zersprang etwa 1200 Fuß vor meinem Elephanten. Das Tier floh aus Furcht vor der schrecklichen Explosion und warf mich heftig auf die Erde nieder.
Als ich wieder zur Besinnung gekommen war, fand ich von der Stelle an, wo der Meteor die Erde berührt hatte, bis zu der, wo er zerplatzt war, das Gras verbrannt und an der letzten Stelle mehrere Stücke von tonigem Gestein von metallischer Konsistenz, manche rund, manche viereckig und viele andere verschieden gestaltet, mit roten, gelben und blauen Streifen und verschiedenen Farben längs der Körner.
Es ereigneten sich dabei einige Unglücksfälle: Eine alte Frau wurde am Arm schwer verwundet, ein Pony auf der Stelle getötet und ein unglücklicher Esel verlor Ohren und Schwanz durch Stücke, die ihn getroffen. Fast alle Stücke waren glühend heiß und ich mußte kaltes Wasser über sie gießen, bevor ich sie näher untersuchen konnte."
(Aus "Asiatic Journal", 1825, Übersetzung teilweise nach F.L. BOSCHKE, ergänzt, ursprünglich erschienen in der "India Gazette", 17.1.1825. Der Fall ereignete sich in Camp Oriang, Malwa, Nordindien.)

Die Menge der auf die Erde niedergehenden Meteorite wird außerordentlich verschieden beurteilt: Schätzungen schwanken zwischen 1000 Tonnen jährlich und 1000 Tonnen täglich! (CEPLECHA 1983: 466 t/Tag) Das hat seinen Grund darin, daß die Masse der irdischen Meteoriten auf die Staubfraktion entfällt und sich damit der direkten Beobachtung entzieht.
Allerdings muß man annehmen, daß in der Frühzeit der Erde die Bombardierung mit Meteoriten wesentlich stärker war als heute, so daß ihr seither ein beträchtlicher Anteil kosmischen Materials zugeführt worden sein muß.

Trotzdem dürfte ein Erlebnis wie das oben geschilderte sehr selten sein, weil die meisten Meteorite bereits in der Atmosphäre verglühen und der große Rest ungesehen herabfällt. Es hängt weitgehend von der Masse, Beschaffenheit und Eintrittsgeschwindigkeit eines Meteoriten in die Atmosphäre ab, ob er die Erdoberfläche erreicht: Wiegt er unter 10 Kilogramm wird er wahrscheinlich verglühen, so daß wir nur das kurz aufleuchtende Endstück seiner Bahn als Sternschnuppe oder Feuerkugel beobachten können. Die Masse der Sternschnuppen wird sogar von nur reiskorngroßen Bröckchen erzeugt.

Schwerere Meteoriten durchstoßen die Atmosphäre unter Donner und flammenden Lichterscheinungen und können über viele hundert Kilometer ihres Fluges beobachtet werden. Ihre Geschwindigkeit ist enorm: Je nachdem, aus welcher Entfernung sie kommen und ob sie mit oder entgegen der Bewegungsrichtung der Erde fliegen, beträgt sie 11 - 72 km/s! In der Atmosphäre werden sie gebremst und aufgeheizt, so daß der den Boden erreichende Rest von einer gestromten Schmelzkruste umhüllt ist. Die spröden Steinmeteoriten können durch den hohen Luftwiderstand im Flug zerbrechen.

Große Meteoriten von einigen hundert oder tausend Tonnen Gewicht werden allerdings nicht mehr wesentlich abgebremst. Beim Aufschlag dringen sie tief in den Boden ein und sprengen Krater aus. Aber noch bei weitem größere Körper haben die Erde getroffen, Riesenmeteoriten von vielen Millionen Tonnen bis einigen Milliarden Tonnen Gewicht. Zu ihnen muß auch der Urheber der Rieskatastrophe gehört haben.

Das Ende der Kreidezeit und das Iridiumproblem

So hat sich nach jüngsten Forschungsergebnissen am Ende der Kreidezeit, möglicherweise durch den Einschlag eines Riesenmeteoriten oder Kometen, eine weltweite Katastrophe ereignet.

Paläontologen war es schon früh aufgefallen, daß in der jüngsten Erdvergangenheit ein bedeutender Einschnitt und Wechsel im Tier- und Pflanzenreich stattgefunden hatte. Ganze Tiergruppen waren ausgestorben, darunter die Ammoniten (Unterklasse *Ammonoidea*) und die Dinosaurier (Ordnungen *Saurischia* und *Ornithischia*). Das Ende der Kreidezeit wurde in der geologischen Zeitskala nach diesem Massensterben festgelegt. Ähnlich wie die Geologen beim Riesproblem (S. 41) unterhielten sich die Paläontologen jahrzehntelang mit dem Streit um die Ursache, und ebenso scheint auch hier eine Hypothese in den Vordergrund zu treten, die eine außerirdische Erklärung anbietet:

Ende der siebziger Jahre untersuchten der US-Geologe WALTER ALVAREZ und seine Mitarbeiter die Kreide-Tertiär-Grenze (K/T-Grenze) in der Bottaccione-Schlucht bei Gubbio in Umbrien, wo sie durch eine zentimeterdünne Tonschicht zwischen den kretazischen und tertiären Kalkablagerungen belegt ist. Sie wollten durch Nachweis des Iridium-Gehaltes herausfinden, welche Zeitdauer die Tonschicht umfaßt.

Iridium ist ein Element der Platingruppe und ist in den Ablagerungsgesteinen der Erdrinde nur in geringsten Konzentrationen anzutreffen. In den betreffenden Kreideschichten beträgt ihr Mengenanteil etwa drei 10milliardstel (0,3 ppb). Wesentlich häufiger kommt es dagegen in Chondriten* vor. Daher waren Vermutungen aufgekommen, daß das Iridium der Erdkruste hauptsächlich auf abgeregneten meteoritischen Staub aus der Atmosphäre zurückzuführen sei (PETTERSSON & ROTSCHI 1952). ALVAREZ und Mitarbeiter erwarteten nun, daß der Iridium-Gehalt der Grenzschicht im Vergleich mit dem der Kalke gemäß der Meteoriten-Regen-Hypothese ein relatives Maß für die Ablagerungsdauer liefern würde. Statt dessen fanden sie eine völlig unerwartete Verteilung: Die Grenzschicht hatte gegenüber dem umgebenden Gestein einen dreißig mal höheren Iridiumgehalt! Kontrolluntersuchungen am Stevns Klint im Südosten der Insel Seeland, wo die Kreide-Tertiär-Grenze ebenfalls gut aufgeschlossen ist, erbrachten noch höhere Werte und den Beweis, daß es sich nicht um ein rein italienisches Phänomen handelt: Die ebenfalls aus Ton bestehende Grenzschicht fiel durch einen 160fach erhöhten Iridiumanteil auf.

Wenn andere Anhäufungsmechanismen ausgeschlossen sind, müssen abnorm hohe Iridiumkonzentrationen also auf ungewöhnliche außerirdische Einflüsse zurückgehen. ALVAREZ zog diesen Schluß und entwickelte gemeinsam mit seinem Vater LUIS ALVAREZ die Einschlag-Hypothese:

Danach soll ein Meteorit von rund 10 Kilometer Durchmesser die Erde getroffen haben. Ein mittlerer Planetoid* also. Dabei müßte ein

Riesenkrater von 100 bis 200 Kilometer Durchmesser entstanden sein, von dem Ende der 70er Jahre aber nichts bekannt war. Viele Kubikkilometer in die Luft geschleuderten Staubes sollen die Sonne verdunkelt und die Photosynthese der Pflanzen soweit verringert haben, daß verschiedene Nahrungsketten zusammengebrochen sind und die empfindlichsten Tier- und Pflanzenarten zugrunde gingen (ALVAREZ u.a. 1979, 1980).

Mittlerweile wurden stark erhöhte Iridiumkonzentrationen in derselben Grenzschicht in Neuseeland, in den USA, im Golf von Mexiko und an vielen weiteren Orten rund um die Erde gefunden.

Der Chicxulub-Krater

1981 erkundeten die Geologen G.T. Penfield und A.Z. Camargo von der mexikanischen Ölgesellschaft Pemex das Schwerefeld und das Magnetfeld von Yucatan. Bei der Auswertung der Messungen entdeckten sie kreisförmige Anomalien an der Nordküste der Halbinsel, die einen Massenverlust im Untergrund anzeigten. Daraus schlossen sie auf einen riesigen Krater, der für den von ALVAREZ geforderten Einschlag an der Kreide-Tertiär-Grenze in Frage kommt: Es handelt sich um eine von jüngeren Ablagerungen völlig begrabene Ringstruktur von rd. 300 km Durchmesser. Sie wurde später auf den Namen Chicxulub-Krater getauft. Auf der Meerseite ist der Ring abgeschnitten, so daß die Struktur nicht ganz geschlossen ist.

In der Nähe kommen typische Impaktgesteine vor, wie sie auch an den hiesigen Kratern gefunden werden, z.B. polymikte Brekzien* mit geschockten Quarzen. Bohrprofile aus dem Golf von Mexiko lieferten Anzeichen dafür, daß Schlamm- und Sandmassen an der Kreide-Tertiär-Grenze von einer Flutwelle abgelagert wurden. In den Bohrkernen fanden sich geschockte Quarzkristalle (S. 59), Tektite* und wiederum ein hoher Gehalt an Iridium (ALVAREZ u.a. 1992). Dann wurden im Krater ehemals geschmolzene Gesteine erbohrt, die radiometrisch* datiert werden konnten. Nach der sogenannten Argon-Argon-Methode hatten die Schmelzen ein Alter von 65,2 Mio. Jahren - genau die K/T-Grenze (SHARPTON u.a. 1992).

Das scheint eine sehr schöne Bestätigung für kosmische Einschläge zu sein, doch bezüglich des Aussterbens werden wohl die Paläontologen das letzte Wort haben ...

Mit den Entdeckungen von ALVAREZ und seinen Mitarbeitern in Italien und Dänemark, von Penfield und Camargo in Mittelamerika und denen von SHOEMAKER und CHAO im Nördlinger Ries (S. 42) hat in der 2. Hälfte des 20. Jahrhunderts eine sehr bedeutende Wende in der Geologie begonnen: Die Geologen erkennen mehr und mehr die Bedeutung des Kosmos für die Erde, für die Oberflächenformen, das Klima und das Leben. Der nächste Schritt in dieser Richtung ist schon getan: 1992 veröffentlichte das bekannte österreichische Geologen-Ehepaar TOLLMANN eine These, nach der die in den Sagen vieler Völker überlieferte Sintflut durch den Einschlag von Kometen vor 9545 Jahren verursacht wurde. Ob wahr oder nicht wahr - möge die These zur Horizonterweiterung der Erdwissenschaften beitragen!

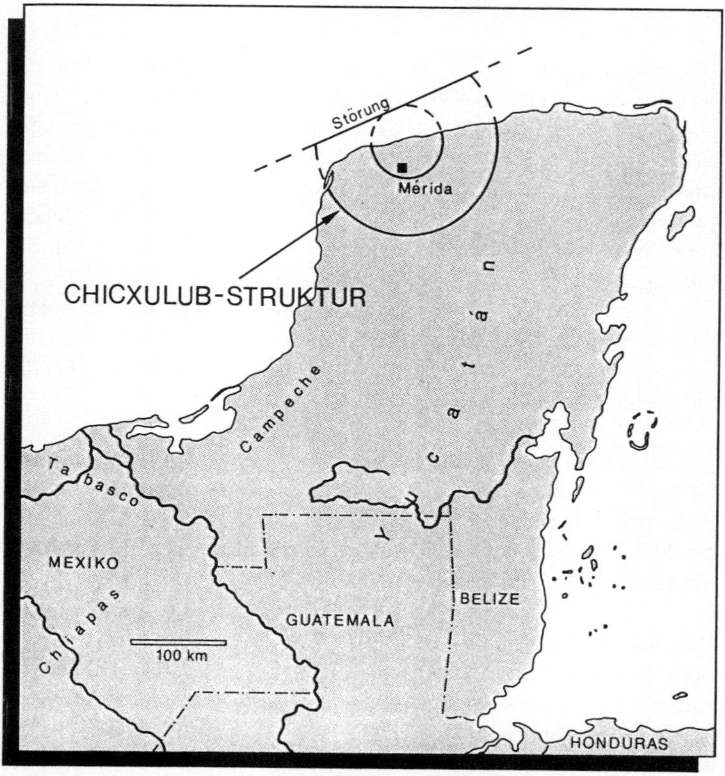

Abb. 13 Die Chicxulub-Struktur in Yucatán/Mexiko.

Die "Snicks"

Bedenkt man die ungeheure Menge der Meteorite, die Jahr für Jahr die Erde erreicht, so müßten sie die Gestalt der Erdoberfläche und auch unser Leben stark beeinflussen, wäre die Atmosphäre nicht der denkbar beste Schutzschild.
Welche Wirkung die Einschläge auf einen atmosphärelosen Körper haben, wird klar, wenn man den Mond oder den Merkur zum Vergleich heranzieht: Auf deren Oberflächen sind Krater das bestimmende Merkmal. Allerdings gibt es dort fast keine Verwitterung und die Krater bleiben solange erhalten, bis sie von einem neuen Einschlag zerstört werden.

Die ungebrochene Wucht der Einschläge in Verbindung mit der geringen Schwerkraft des Mondes ist auch die Erklärung für einen eigenartigen Meteoriten, der 1981 auf dem antarktischen Eis gefunden wurde: Er kommt sehr wahrscheinlich vom Mond und müßte dort von einem anderen Meteoriten herausgeschlagen und dermaßen beschleunigt worden sein, daß er die Anziehungskraft des Mondes überwinden konnte. Nach einem kurzen Raumflug wurde er von der Erde eingefangen (EUGSTER 1989, Abb. 14).
Inzwischen sind noch weitere Mondgesteine gefunden und als solche erkannt worden, was verhältnismäßig einfach war, weil man die Vergleichsmöglichkeit mit den Proben hatte, die von den Apollo-Flügen hergebracht worden waren.

Spekulationen ranken sich dagegen um die Gruppe der SNC-Meteorite (Shergotty-Nakhla-Chassigny - gesprochen "snick". Siehe auch: Die Einteilung der Meteorite, S. 23, Gruppe B3/Achondrite). Besonders der Meteorit Shergotty, der 1865 in Indien als Stein von 5 kg fiel, wurde sehr genau untersucht (SHERGOTTY-CONSORTIUM 1986).

Die Snicks weisen nur verhältnismäßig niedrige Alter von 1,3 Milliarden Jahren und jünger auf - ein Anzeichen dafür, daß sie von einem Himmelskörper stammen, der noch lange nach der Entstehung des Sonnensystems geologisch aktiv war. Und das kann, wegen des dazu nötigen Wärmevorrats, nur ein größerer Körper sein - größer als die Planetoide und größer als der Mond.

Einer der Snicks enthält interessanterweise Glas mit blasiger Struktur und in den Blasen befinden sich Gase mit der isotopischen Zusammensetzung der Marsatmosphäre! Kommen die Snicks vom Mars? Die an Überraschungen gewöhnten Meteoritiker und Astronomen "verneinen die Möglichkeit nicht" und einige halten es für wahrscheinlich. Eine Entscheidung ist allerdings erst zu erwarten, wenn einmal die ersten Proben vom Mars zur Erde gebracht worden sind (KERR 1987).

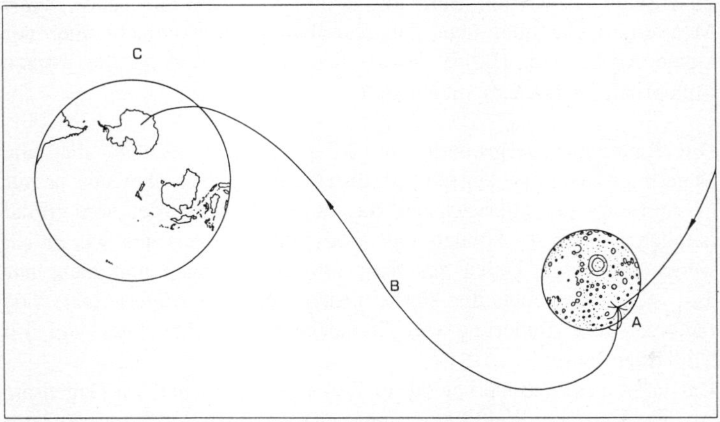

Abb. 14 Weg von Mondmaterie zur Erde: (**A**) Meteoriteneinschlag und Beschleunigung von Mondmaterie auf Fluchtgeschwindigkeit. (**B**) Materie im Mondorbit und Einfang durch die Erde. (**C**) Einschlag in Antarktika.

Boten aus dem Weltall

Vor dem Beginn des Raumfahrtzeitalters bestand die einzige Möglichkeit, außerirdische Materie kennenzulernen, darin, Meteorite zu untersuchen. Sie wurden daher eifrig gesammelt und zu hohen Preisen gehandelt. Heute noch werden Meteorite in aller Welt zum Teil unter abenteuerlichen Umständen gesucht, ja "gejagt"! Lesenswert sind die Berichte HARVEY NININGERS über seine Meteoritensuche quer über den amerikanischen Kontinent oder der kleine Artikel von HENRY WARD über die Auffindung des großen Meteoriten "Bacubirito" in Mexiko.

Die Raumfahrt vergrößerte die Möglichkeiten, machte aber die Meteoritenforschung keineswegs überflüssig. Sie brachte uns ja nur Gesteine aus der allernächsten Nachbarschaft der Erde, vom Mond nämlich. Meteorite können uns aber Informationen aus wesentlich weiter entfernten Teilen des Sonnensystems bringen und nicht nur das, sie stellen auch die älteste bisher bekannte Materie dar. Die radiometrische Datierung von Chondriten* erbrachte Alter von 4,6 Milliarden Jahren!
Das heißt also, daß sie vor dieser Zeit entstanden sind. Im Gegensatz zu den größeren Weltkörpern liegt uns in ihnen fast unveränderte Urmaterie vor, Materie aus einer Zeit als die Sonne noch jung war!

Dieser hohen Alter wegen versucht man gerade aus Meteoriten Rückschlüsse auf die Entstehung des Sonnensystems zu ziehen. Sicher aber wird ihre Erforschung starken Einfluß auf die Vorstellungen über die früheste Zeit unserer Erde haben.

Teil 2

Die Krater

Abb. 15 Steinheimer Becken im Winter (Luftbild Brugger GmbH, Stuttgart, Nr. 2/27814, 1968)

Geologische Vorbemerkungen

Ein Überblick der Erdgeschichte Süddeutschlands

■ Kenner der regionalen Geologie sollten die "Vorbemerkungen" überspringen (➔ S. 41). Der folgende Abschnitt ist am besten im Vergleich mit der Zeittafel auf der vorderen Umschlag-Innenseite zu lesen, auf die im Text durch Großbuchstaben (**A**-**G**) hingewiesen wird. Eine ausführliche Beschreibung der Geologie ist nicht beabsichtigt. Dazu wird auf einschlägige geologische Führer verwiesen (GEYER & GWINNER 1979). Zweck der "Vorbemerkungen" ist, Ries und Steinheimer Becken sowie die wichtigsten vorkommenden Gesteine in ihrem zeitlichen und genetischen Zusammenhang vorzustellen.

Der Gebirgsbau im Gebiet des Ries und auf der Ostalb unterschied sich vor dem Meteoriteneinschlag nicht wesentlich von dem des Umlandes, obwohl besonders in der Zeit vor dem Aufkommen der Einschlags-Theorie gerade die Unterschiede gesucht und vor allem zur Erklärung der Ries-Phänomene (S. 44 ff) herangezogen wurden.

Auf einem Untergrund aus Gneis und Granit, dem Grundgebirge, lagerten flach die Schichten aus der Triaszeit, aus dem Jura und aus dem Tertiär - das Deckgebirge.

Grundgebirge und variskische Gebirgsbildung

Das süddeutsche Grundgebirge gehört im wesentlichen zur "Zentraleuropäischen Schwelle", einem alten, schon im Präkambrium entstandenen Stück kontinentaler Kruste.

Karbon (362 - 290 Mio. Jahre). Im Karbon war Alteuropa Teil eines großen Nordkontinents, des sogenannten Old Red-Kontinents, von dem andere Teile heute in Grönland und in Nordamerika liegen. Im Oberkarbon wurde die Zentraleuropäische Schwelle mit dem Old Red-Kontinent und dem Südkontinent Gondwana im Rahmen der

sogenannten variskischen Gebirgsbildung zu einer Einheit verschweißt. Damals gehörte der größte Teil aller kontinentalen Massen zu diesem Superkontinent, der darum Pangäa, das ist "alle Erde", genannt wird. Östlich von Pangäa lag der Ozean "Tethys".
In der Endphase der Gebirgsbildung und noch im Oberkarbon entstanden granitische Schmelzmassen in den unteren Teilen der zentraleuropäischen Kruste (**A**). Heute kennt man sie von den Schilden, in denen das zentraleuropäische Grundgebirge durch Hebung und intensive Abtragung während Millionen von Jahren allmählich freigelegt wurde, und außerdem vom Ries, wo das Grundgebirge durch eine gigantische Sprengung an die Oberfläche kam. Die genannten Schilde liegen in der iberischen Meseta, der Bretagne, im französischen Zentralmassiv, in den Vogesen, im Schwarzwald, in der Böhmischen Masse und als sogenannte Externmassive in den Westalpen, wie etwa das Mont Blanc-Massiv.

Grundgebirge. Den Aufbau und die Zusammensetzung des Rieser Grundgebirges zu rekonstruieren, ist schwierig, doch kann man sich in etwa eine Vorstellung davon machen: Über einer steil südwärts einfallenden Folge kristalliner* Schiefer lagerten granitische Gesteine in der Art eines Lakkolithen* (GRAUP 1978, vgl. Abb. 29, S. 66).

Die nachvariskische Zeit

In Perm und Trias wurden die an der variskischen Gebirgsbildung beteiligten Kontinente von den aufbrechenden Großplatten der Erde wieder auseinandergerissen, während sich zwischen ihnen, als Verbindung der Tethys nach Westen zum Südatlantik, das Penninische Meer ausbreitete. Erst im Tertiär - während der alpidischen Gebirgsbildung - wurden sie in anderer Form wieder zusammengefügt. Das Grundgebirge der Zentraleuropäischen Schwelle aber hängt zwischen Bretagne und Vogesen und, nach dem "Riß" des Oberrheingrabens, zwischen Schwarzwald und Böhmischer Masse noch zusammen und bildet sozusagen das Rückgrat Europas. Die dazwischenliegenden Teile sind lediglich von jüngeren Ablagerungen überdeckt. Diese Ablagerungen entstanden, nachdem das Variskische Gebirge im Perm zu einer welligen Plattform abgetragen und danach weithin zum Senkungsgebiet geworden war (**B**).

➔ S. 39

Perm (290 - 245 Mio. Jahre). Während des Perms scheint aber der Südosten Süddeutschlands einschließlich des Gebiets der späteren Krater Abtragungsgebiet mit dem Charakter eines Tafellandes geblieben zu sein, denn flächenhafte Ablagerungen sind nicht vorhanden. Der permische Gebirgsschutt (Rotliegendes) wurde von tektonisch* angelegten Längstälern und Senken des Variskischen Gebirges aufgenommen. Die Rotliegendsenken sind heute noch erhalten und lassen sich auch unter dem Deckgebirge weiterverfolgen.
Der Nordwesten war dagegen schon Randgebiet einer permzeitlichen "Nordsee", des sogenannten Zechsteinmeeres.

Trias (245 - 208 Mio. Jahre). In der unteren Trias existierte vom ehemaligen Variskischen Gebirge in Süddeutschland noch ein Rest im heutigen Voralpenraum: das aus zentraleuropäischer Kruste bestehende Vindelizische Gebirge, später, in stärker abgetragenem Stadium, Vindelizisches Land genannt. Auf seiner Nordseite bildete sich als Senkungsgebiet das schon im Unterperm angelegte Germanische Becken weiter aus, das nun den Schutt des Vindelizischen Gebirges und anderer verbliebener Hochgebiete aufnahm. Seine gebirgsnahen, südlichen Teile blieben noch bis in die Untertrias Festland. Dies bezeugen die kontinentalen Rotsedimente des Buntsandsteins. Später konnte das Meer von Osten, von Südwesten und von Norden her mehrfach in das Germanische Becken eindringen und hinterließ dabei flachmeerische Ablagerungen von Ton, Gips und Kalk (Muschelkalk).
Die Riesgegend blieb aber noch bis in die Obertrias (Keuper) Bestandteil des Vindelizischen Landes, dann erst wurde sie von der Senkung ergriffen und gehörte nun zum Randbereich des Germanischen Beckens. Daher beginnen die Ablagerungen im Ries erst mit den Lehrbergschichten des mittleren Keupers (**C**), sind anfangs geringmächtiger und liegen in anderer Ausbildung vor als im benachbarten schwäbischen Unterland oder in Mittelfranken. Muschelkalk und unterer Keuper werden aber vermutet, da sie unmittelbar nördlich noch vorkommen (Bohrung Dinkelsbühl 1001).

Jura (208 - 145 Mio. Jahre). In der Jurazeit wurde das ganze Gebiet zwischen Schwarzwald und Böhmischer Masse zum Randmeer des penninischen Ozeans (**D**). Über Burgund drang das Meer allmählich nach Nordosten in das Germanische Becken vor. Die jeweiligen Strandbildungen reichen zeitlich vom jüngsten Keuper (Rhät) bis in den Lias hinein und werden darum als Rhätolias zusammengefaßt.
Der süddeutsche Jura gliedert sich in 3 Formationen: Im Lias bildete sich der Schwarze Jura, im Dogger der Braune Jura und im Malm der Weiße Jura. Im großen und ganzen entwickeln sich die Ablagerungen vom Schwarzen zum Weißen Jura aus sandig-tonig-kalkigen Folgen über tonig-kalkige (mergelige) zu kalkig-tonigen Sedimenten. Dieser Trend setzt sich in der Kreide fort.
Im Oberjura (Malm) war das Vindelizische Land versunken und existierte nur noch als Vindelizische Schwelle zwischen dem flacheren schwäbisch-fränkischen Jurameer im Norden und dem tieferen helvetischen Becken im Süden am Übergang in den offenen Ozean. Über Süddeutschland breitete sich ein subtropisches Flachmeer aus, durchsetzt von Tausenden von Schwamm- und

Korallenriffen. Mächtige Folgen von Tonen, Mergeln und Kalken zeugen von dieser Ära. Im Bereich des Rieses sind keine prinzipiellen Unterschiede zu den Ablagerungen der Umgebung mehr erkennbar, dagegen kommt es im Bereich des Steinheimer Beckens zur Bildung des Brenztal-Trümmerooliths, einer örtlichen Sonderfazies des Weißjura Zeta, die sich durch großen Reichtum an Fossilbruchstücken und Ooiden (Kalkkügelchen) auszeichnet. Seit der Heraushebung der Süddeutschen Plattform (s. unten) verursachen die Malmkalke die größte Schichtstufe in der süddeutschen Landschaft, den sogenannten Albtrauf.

Kreide (145 - 65 Mio. Jahre). Der Beginn der Kreidezeit brachte eine schwache Hebung und den Rückzug des Meeres aus Süd- und Mitteldeutschland (**E**). Nur im östlichen Bayern gab es noch bis in die Oberkreide einen Arm des weiter südlich liegenden, offenen Meeres. Die den Kratern nächstliegenden Kreidesedimente finden sich bei Neuburg a.d. Donau. Dann schloß sich der Penninische Ozean, indem mehrere Teile der gondwanischen Großplatte sich abspalteten und in nordöstliche, nördliche und westliche Richtungen auf Alt-Eurasien zu wanderten. Die Ära der alpidischen Gebirgsbildungen setzte ein.

Die alpidische Zeit

Tertiär (65 - 1,6 Mio. Jahre). Im Alttertiär wurde die Erdkruste Süddeutschlands bis etwa an die heutige Donau von der alpinen Gebirgsbildung erfaßt, in die Tiefe gedrückt und dadurch zur Vorsenke der Alpen umgebildet (**F**). Der darin abgelagerte Gebirgsschutt ist die Molasse*. Zweimal, im Oligozän und im unteren Miozän, drang das Meer in die Vorsenke ein und griff auch auf das Gebiet der Krater über. Die dazugehörigen Ablagerungen sind die Untere und die Obere Meeresmolasse.

Die Klifflinie des jüngeren Molassemeeres ist auf der Alb noch heute zu sehen, z.B. bei Heldenfingen 10 km südlich Steinheims. Sie scheidet die Landschaft in die nördliche Kuppenalb und die südliche, damals vom Meer überspülte und eingeebnete Flächenalb. Der Strand des Molassemeeres läßt sich stellenweise auch verfolgen, wo kein Kliff erhalten oder wo es nie ausgebildet war. Mancherorts sind nämlich Strandablagerungen der Oberen Meeresmolasse erhalten geblieben; so bei Dischingen südwestlich des Ries.

Zu Anfang des Jungtertiärs hatte sich das Molassemeer bis in die Gegend von Passau zurückgezogen und nun entwickelte sich, dem Meere folgend, das Flußsystem der Ur-Donau.

Rieser Land und Ostalb vor dem Meteoriteneinschlag

In der langen Zeit zwischen dem obersten Malm und dem Mittelmiozän war das süddeutsche Kernland festländisch geblieben. Die Juraablagerungen waren im Norden zum großen Teil wieder abgetragen worden, besonders seit die süddeutsche Plattform im Oligozän durch die Last der von Süd und Südost aufgeschobenen Alpen und durch die Anlage und Füllung des Molassebeckens* sozusagen gekippt und der Norden herausgehoben worden war. In kurzer Zeit waren die gehobenen Landoberflächen des Nordens dann der Erosion zum Opfer gefallen.
Die heutige Stufenlandschaft war damit im Grunde schon ausgebildet. In Schwaben verlief die Schichtstufe der Weißjuragesteine etwa entlang der Linie Stuttgart - Dinkelsbühl. Im Bereich des Rieses war sie zur Zeit der Oberen Süßwassermolasse (**G**) schon in Auflösung begriffen, vergleichbar mit dem heutigen Albrand bei Geislingen. Die Gegend des Steinheimer Beckens lag - wie heute auch - als steinige Ebene zwischen dem Stufenrand und dem Molassebecken. Die Täler der Ur-Brenz und der Ur-Lone waren schon angelegt[1]. Das noch erhaltene Deckgebirge dürfte vor dem Einschlag eine Gesamtmächtigkeit von etwa 580 m gehabt haben.

Zehn Kilometer östlich des späteren Rieskraters mündete der Ur-Main, südwärts fließend, in die Ur-Donau. In der Umgebung des Rieses gab es viele Tümpel, in denen Tone, Kalke und Braunkohlen abgelagert wurden und die den Ablagerungen des nach dem Einschlag aufgestauten Riessees (S. 76) zum Verwechseln ähnlich sind. Bäche, die von der Alb zur Ur-Donau hinabströmten, brachten Gerölle mit, die man heute direkt an der Unterfläche großer, aus dem Ries stammender Sprengschollen findet. Nach dem Vorkommen am Buchberg bei Bopfingen werden sie Buchberggerölle genannt (DEFFNER 1870). Zusammen mit den genannten Tümpelablagerungen sind sie die jüngsten vorriesischen Bildungen.

---

[1] zur Flußgeschichte S. 78

Nördlinger Ries

Das Riesproblem

Vor dem 17. und 18. Jahrhundert, dem "Zeitalter der Vernunft", war das Ries kein Problem, sondern lediglich fruchtbares Bauernland. Doch mit der in Europa um sich greifenden Aufklärung änderte sich die Betrachtungsweise der Dinge. So stritt man unter anderem auch darüber, ob denn die Formen der Erdoberfläche gegeben und unveränderlich oder ob sie entstanden und also veränderlich seien. In dieser Zeit wurzelt die noch heute als jung anzusehende Wissenschaft Geologie. Eine kleine, nur langsam wachsende Schar von Freunden der damaligen Mineralogie und Geognosie versuchte die Entstehung der Landschaftsformen zu erklären und Schlüsse daraus zu ziehen.
Während aber viele Formen durch den Vergleich mit noch heute stattfindenden Vorgängen in ihrer Entstehung bald erklärt werden konnten, stellte sich das Ries als ein geologisches Tollhaus heraus. Die üblichen Anschauungen versagten und es begann zum Problem zu werden. Wie das Ries ein Loch in der Landschaft ist, blieb es lange Zeit eine Lücke im geologischen Wissen. Zwar kamen seit 1790 nach und nach verschiedene Hypothesen zu seiner Entstehung auf, aber sie waren immer unbefriedigend und blieben niemals unwidersprochen. Das Ries wurde zur umstrittensten geologischen Struktur Europas, zu einer geologischen Sphinx, wie es der Geologe PAUL DORN einmal sagte (1950). Erst in jüngster Zeit, 1961, festigte sich durch die Entdeckung eines unter extremen Bedingungen entstandenen Minerals eine rundum befriedigende Hypothese: die Meteoritentheorie. ➔ S. 44

Bis zu diesem Zeitpunkt galt das Ries meist als Vulkantrichter. Schon 1789 glaubte der pfälzische Ingenieur-Hauptmann CARL VON CASPERS, der zum Festungsbau nach Ingolstadt gerufen worden war, im Suevit* des Rieses vulkanisches Material zu finden[1] (CASPERS 1792). Er war damals unter dem Namen "Feuerduftstein" bekannt.

---

[1] 1794 erschien die Schrift CHLADNIS (S. 11). Es ist interessant, die Entwicklung der Kenntnis von Meteoriten und Meteoritenkratern zu vergleichen.

Erste geologische Untersuchungen begannen 1834 durch BERNHARD VON COTTA. Von 1870 bis zur Jahrhundertwende wurde die **Vulkantheorie** von GÜMBEL und OSKAR FRAAS ausgebaut. Daneben bestand eine Zeit lang DEFFNERS Vorstellung, Gletscher hätten die Trümmerberge des Riesrandes aus dem Becken hergeschoben und die Schliff-Flächen erzeugt. Von WILHELM BRANCO und EBERHARD FRAAS wurde dann die **Lakkolith-Theorie** aufgebracht, die das Vorkommen granitischer Gesteine im Ries erklären sollte (BRANCO & FRAAS 1901). Der aufdringende Lakkolith* sollte einen "Riesberg" erzeugt haben, von dem dann die Schollen und Riestrümmermassen abgeglitten wären.
Weitere Untersuchungen im Ries führten zur **Sprengungstheorie**: Nach dem Aufdringen des Lakkoliths sollte eine riesige, zentrale Sprengung und mehrere randliche Ausbrüche stattgefunden haben. Die Sprengung wurde dadurch erklärt, daß Wasser in Spalten des Lakkoliths eingedrungen und im Kontakt mit dem heißen Magma explosionsartig verdampft sei (W. BRANCO, E. FRAAS, E. SÜSS). Später wurden magmatische Gase als Ursache angenommen (R. LÖFFLER, M. SCHUSTER).
Ab 1910 trat, gefördert vor allem durch den streitbaren WALTER KRANZ, die **Reine Sprengtheorie** mehr und mehr in den Vordergrund. Als einzige Entstehungsursache des Rieses wurde eine zentrale Sprengung angenommen, das heißt, das Ries wurde wieder mehr als Vulkan, nämlich als vulkanischer Explosionskrater betrachtet (KRANZ 1914). Die zeitliche und räumliche Nähe zu dem ebenfalls vor allem explosiven Vulkanismus der Schwäbischen Alb war ein Hauptgrund dafür.
Bis 1961 galt die Reine Sprengtheorie als die beste Erklärung der Riesphänomene. Das hatte auch ein Experiment des damaligen Wehrgeologen KRANZ gezeigt, der 1911 in den Dünen bei Swinemünde in Pommern zu diesem Zweck eine Sprengung durchführte. Vor allem war bewiesen, daß das Ries in einem einzigen, kurzen katastrophalen Akt entstanden sein mußte. Die aber immer noch herrschende Unsicherheit darüber, wie dieser Akt verlaufen sein könnte, kommt am besten in der gern verwendeten Formulierung "das Riesereignis" zum Ausdruck.
Außerdem gab es auch zu Zeiten der Reinen Sprengtheorie andere Auffassungen: 1936 griff OTTO STUTZER einen schon 1904 vorgebrachten, damals aber noch unentwickelten Gedanken von ERNST WERNER wieder auf und deutete das Riesereignis als Meteoriteneinschlag (**Meteoritentheorie**). Er drang damit nicht durch; einesteils weil er noch im selben Jahr starb, aber auch weil es nicht ganz ernst genommen wurde, eine außerirdische Ursache zur Lösung eines geologischen Problems heranzuziehen. Aus heutiger Sicht hat man aber irgendwie den Eindruck, daß die Geologen das Ries "für sich" retten wollten!
Erst 1961 wurden neue Anhaltspunkte, ja geradezu Beweise dafür gefunden: Bei einem von den Amerikanern SHOEMAKER und CHAO durchgeführten Vergleich von Gesteinen, die durch Meteoriteneinschlag oder atomare Sprengungen verändert waren, wurden auch Riesgesteine untersucht. Das Ergebnis war sensationell: Hochdruckformen der Kieselsäure, die nur durch Stoßwellen erzeugt sein konnten, fanden sich darin! Nach dieser Entdeckung formulierten SHOEMAKER und CHAO die heute gültige **Neue Meteoritentheorie**. Ein neues Zeitalter der Riesforschung setzte ein, getragen vor allem von Mineralogen und

Geophysikern (WOLF VON ENGELHARDT, DIETER STÖFFLER). Die gewonnenen Erkenntnisse strahlten auch auf andere, bisher unerkannte oder unerklärbare Rundstrukturen der Erde aus. Im Ries wurden weitere Hinweise auf Stoßwellen-Metamorphose gefunden und halfen mit, die heutige Anschauung der Katastrophe zu formen. (Literaturhinweis: DEHM 1969)

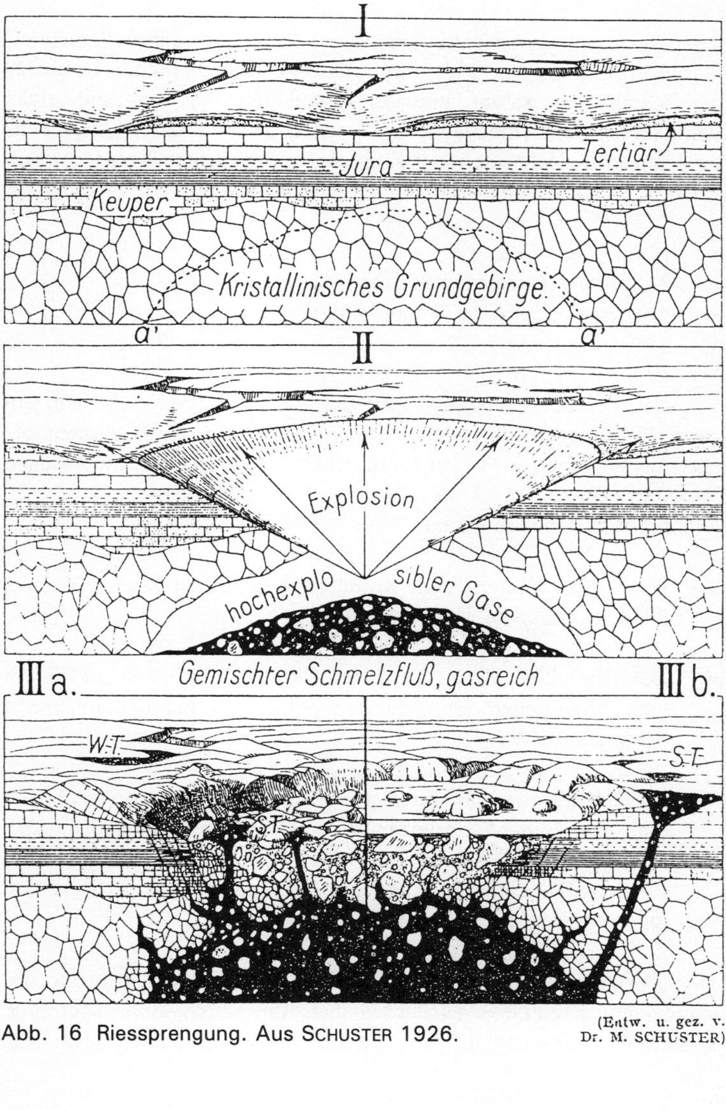

Abb. 16 Riessprengung. Aus SCHUSTER 1926.

Riesphänomene und die Zonen des Rieses

Während der - je nach Auffassung - 150 bis 200 Jahre Forschung wurde im und um das Ries eine Fülle von Besonderheiten entdeckt, die schon früh darauf hinwiesen, daß man es hier mit einer vollkommen vom Üblichen abweichenden Struktur der Erdkruste zu tun hatte. Dazu gehören in der Reihenfolge ihrer Entdeckung:

- 1. Die Rundform des Rieses S. 46
- 2. Exotische Gesteine S. 48
- 3. Spuren stärkster Zerstörung S. 58
- 4. Hinweise auf hohe Temperaturen S. 60
- 5. Hochdruckmineralien S. 61

Ein weiteres Forschungsergebnis war, daß das Ries nicht nur ein rundes Becken darstellt, wie es die überdeckenden Ablagerungen des ehemaligen Riessees (S. 76) vortäuschen, sondern aus verschiedenen Zonen besteht.
Von innen nach außen folgen:

- Der innere Krater. Vom Mittelpunkt bei Klosterzimmern etwa 5 km im Umkreis. Tiefe rund 700 m.

- Der Kristalline Wall oder Innere Ring. Zwischen 5 und 7 km vom Mittelpunkt. Er stellt den erhöhten Rand der folgenden Schollenzone dar.

- Die Schollenzone. Sie erstreckt sich vom Kristallinen Wall bis an den tektonischen* Kraterrand: Zwischen 5 - 7 km und 13 km. Der tektonische Kraterrand bei 13 km wird von dem in der Landschaft sichtbaren Rand des Riesbeckens bei 10 - 11 km unterschieden! (HÜTTNER u.a. 1980).

Die Zonen werden von der Mächtigkeit der Ablagerungen des ehemaligen Kratersees nachgezeichnet, die durch Bohrungen und seismische Messungen gut bekannt sind. Nähme man die

Seeablagerungen heraus, wäre der innere Krater ein rd. 400 m tiefes Loch mit flacherem Boden und steilerem Anstieg zum Kristallinen Ring hinauf. Die unruhige Oberfläche der Schollenzone liegt etwas vertieft zwischen Kristallinem Ring und Kraterrand. Dort zeigt auch die Karte von ERNSTSON (1974) mehrere kleine Becken, vor allem im Südries (S. 76).

Dazu kommen als äußere Zonen:

- Das Vorries, ein sichelförmiger Streifen um die Südhälfte des Kraters. Er reicht bis an die Donau und enthält die Auswurfmassen der Explosion. Die äußere Grenze des Vorries liegt zwischen 25 und 42 km von der Mitte entfernt. Auf der Nordseite ist es nur fleckenweise erhalten.

- Die Zone der Reuterschen Blöcke. Ihr Außenrand liegt bei 70 km.

Im Einzelnen werden die Riesphänomene und ihr Vorkommen in den verschiedenen Zonen in den folgenden Abschnitten beschrieben.

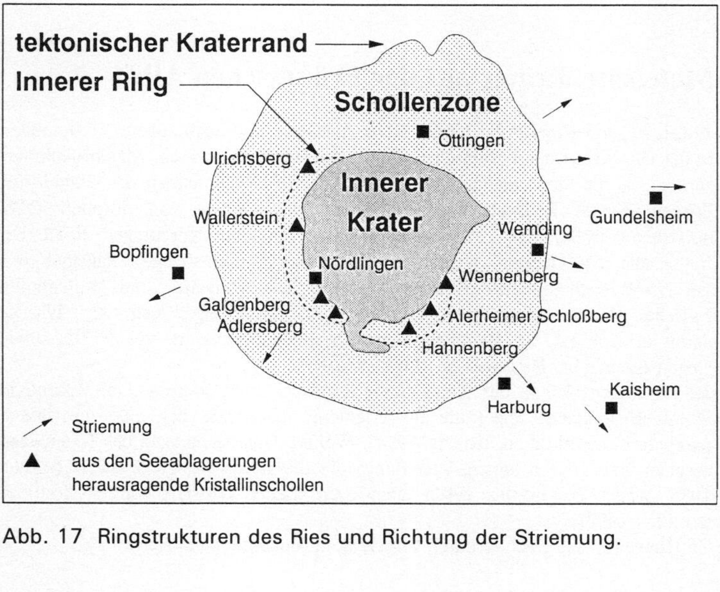

Abb. 17 Ringstrukturen des Ries und Richtung der Striemung.

1. Die Rundform des Rieses

...war seinen Bewohnern von je her bekannt. Von einigen Aussichtspunkten, z.B. dem Wennenberg oder dem Wallerstein, bei klarer Sicht auch vom Riesrand, ist sie gut zu sehen. Aber erst als Forscher begannen, sich über das Ries Gedanken zu machen, wurde sie zur Besonderheit.
Es gibt in der Hauptsache fünf Möglichkeiten zur Erklärung runder Hohlformen in der Landschaft:

- ein Einbruch in der Erdkruste, z.B. eine vulkanische Caldera
- eine Senkungform in der Erdkruste, z.B. das Pariser Becken
- eine Karstform, z.B. eine Doline
- ein vulkanischer Krater
- ein Meteoritenkrater

➔ S. 48

Meteoritenkrater auf der Fränkischen Alb?

Aufgrund ihrer Rundform und der Nähe zum Ries sind noch andere Vertiefungen in der Oberfläche der Fränkischen Alb in den Verdacht geraten, Meteoritenkrater zu sein, so die Stopfenheimer Kuppel (8 km NW Weißenburg), das Pfahldorfer Becken (Straße Eichstätt und Beilngries), das Becken von Sornhüll (NW derselben Straße), das Mendorfer Becken (Ostseite Köschinger Forst bei Ingolstadt), der "Krater" Wipfelsfurt (Weltenburger Donauenge), Sausthal (6,5 km NNW Kelheim), der Hemauer "Pulk" (NW Kelheim), und Willenhofen zwischen Hemau und Parsberg (RUTTE 1971, 1981, Lage: Abb. 32). Was es damit auf sich hat, ist allerdings noch nicht eindeutig geklärt (vgl. S. 92, sowie Gegenstimmen bei HÜTTNER & REIFF 1976).
Jedoch finden sich in der Nähe dieser Rundstrukturen seltsame, mit Eisenoxid verkittete Brekzien*, die Rutte als "Alemonit" bezeichnet hat, eine zum Suevit parallele Namensbildung (RUTTE 1974). Weitere Untersuchungen bei Tettenwang ergaben eine Spurenelement-Verteilung, die die Ruttesche These stützt (APPEL 1985, APPEL & GARGES 1991), aber auch wieder kritisiert wurde (HORN & STORZER 1992).
Zu Hinweisen auf einen tertiären Einschlag im Bodenseeraum siehe S. 92.

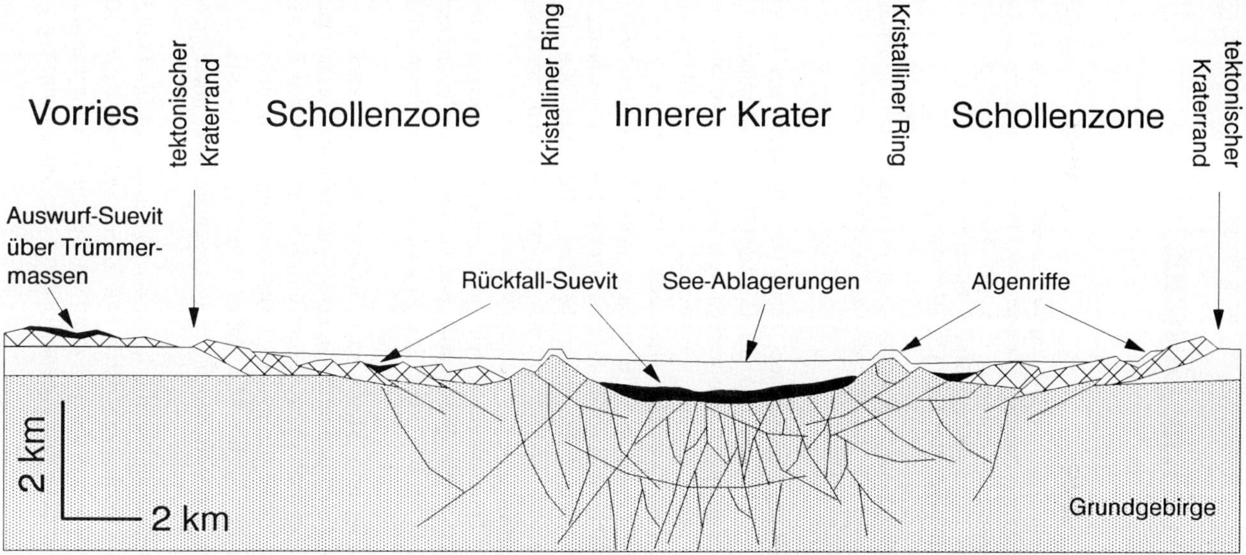

Abb. 18 Querschnitt des Rieskraters, 1,5fach überhöht, schematisch.

2. Exotische Gesteine

Suevit

(Nach den Sueben, also etwa "Schwabenstein". Von A. SAUER (1901) für ein noch unbekanntes Magma verwendet, von dem nur die Tuffe zu Tage treten würden (Reine Sprengtheorie, s. S. 42). Heute bezeichnet der Ausdruck das damals für Tuff angesehene Gestein. Früher verwendete Namen: Feuerduftstein, Trachyttuff, bayerischer Traß. Lit.: HÜTTNER 1977).

➔ Exkursionshinweise: Steinbruch Märker, Otting (S. 116-10); mittelalterlicher Steinbruch bei der Alten Bürg (S. 120-23); Stbr. Polsingen (S. 116-9), Stbr. ob der Aumühle (S. 115-7).

Beschreibung: Eine graue, verbackene Brekzie* aus Bruchstücken kristalliner Gesteine und aus Gesteinsglas* (Glasbomben, Anteil bis 25 %). Man findet Glasbomben von zopfartig gedrehter Form und manche sehen so aus wie kleine, durch die Luft geschleuderte Pfannkuchen, weshalb sie auch "Flädle" heißen. Sie müssen Temperaturen bis 1950 °C erreicht haben (EL GORESY 1968, STÄHLE 1972) und noch in der Luft fast ausgekühlt sein, sonst hätten sie beim Aufprall ihre Form nicht behalten. Ein Teil des Glases ist aufgeschäumt und zeigt im frischen Zustand metallisch-bunte Anlauffarben.
Daneben kommen im Suevit Bruchstücke von Absatzgesteinen vor (0,2 - 5 %). Die Grundmasse besteht aus Kristallbruchstücken von Quarz*, Feldspat*, Biotit* und Amphibol*, sowie Montmorillonit*.

Entstehung und Alter: Nach Struktur und Bestandteilen stellt der Suevit also zertrümmertes, in einer Glutwolke hochgeschleudertes und wieder abgesetztes kristallines* Grundgebirge dar, mit Beimengungen von Deckgebirgstrümmern. Altersbestimmungen an Suevitgläsern ergaben 14,8 $\pm$ 0,7 Mio. Jahre (GENTNER & WAGNER 1969). Das entspricht der Stufe Badenium* ($\approx$ Langhium*) des mittleren Miozän.

Vorkommen: Im Vorries lagert der Suevit als löchrige Decke von bis zu 25 m Mächtigkeit durch eine obere und eine untere Abschrekkungszone scharf abgegrenzt auf den Bunten Trümmermassen (S. 51). Im Innern des Kraters, verdeckt durch die Ablagerungen des späteren

Riessees, liegt in wechselnder Mächtigkeit von 0 - 400 m die Hauptmasse des Suevits. Sie ist nur aus Bohrungen bekannt und unterscheidet sich in verschiedener Hinsicht vom äußeren Suevit. ➔ S. 50

Vergleich Auswurf-Suevit - Rückfall-Suevit: Der Suevit des Vorries enthält hauptsächlich Deckgebirgstrümmer aus Malmkalk, aber auch aus Gesteinen tieferer Schichten. Dagegen führt der Suevit des Kraterinneren nur Trümmer tieferer Schichten, meist Sand- und Tonsteine. Der Anteil an Schmelze ist beim "inneren" Suevit deutlich niedriger, wenn auch die Hauptmasse der Schmelze und des Suevits innerhalb des Kraters liegt. Im Innern ist die Schmelze außerdem stärker rekristallisiert* und anders strukturiert als außen. Besonders scheinen die sonst charakteristischen Flädle zu fehlen.
Die Unterschiede werden dadurch erklärt, daß der äußere Suevit aus einem höheren Stockwerk stammt als der innere. Er war beim Einschlag höheren Drucken und Temperaturen ausgesetzt und wurde in halbsteilem Schuß aus dem Krater herausgeschleudert, während ein Teil des inneren Suevits aus der Tiefe des Kraters steil nach oben geschleudert wurde und wieder zurückfiel. Die Hauptmasse verblieb möglicherweise im Krater selbst, was das Fehlen der Flädle, der aerodynamisch geformten Glasbomben, erklären würde. Hier blieb sie lange genug heiß, um zu einem Gemenge aus Montmorillonit* und Analzim* zu rekristallisieren. In Gasblasen beider Suevite bildete sich hydrothermal* eine jüngere Mineralgeneration mit Zeolithen*.
Die Gesteinsbruchstücke im Suevit weisen alle Stufen der Schockmetamorphose* von 0 - III auf, die Schmelze entstand in der Stufe IV.

Abb. 19 Suevit von Otting.

Magnetisierung und Erhitzung: Aus dieser Zeit langsamer Abkühlung und Rekristallisation stammt auch die starke remanente* Magnetisierung* des Suevits, die nach dem damaligen Magnetfeld ausgerichtet ist. Das bedeutet, daß der in seinen Kristallinanteilen enthaltene Magnetit für eine Zeit lang über seinen Curiepunkt* von 575 °C hinaus erhitzt war. Untersuchungen an der 200 m dicken Suevitlage, die von der Bohrung Nördlingen 1973 durchteuft wurde, ergaben, daß der Suevit rund 2000 Jahre brauchte, um von 600 °C auf 100 °C abzukühlen (POHL 1977).
Der äußere Suevit wurde ebenfalls heiß abgelagert, kühlte aber an Ober- und Unterfläche rasch ab und entgaste. Innen blieb er ebenfalls noch eine Zeit lang heiß. Seine Glasanteile rekristallisierten vor allem zu Plagioklas (Feldspat*) und Klinopyroxen* (V. ENGELHARDT u.a. 1969). Chemisch entsprechen sie am ehesten einem geschmolzenen Gneis.

"Roter Suevit": An zwei Stellen, bei Polsingen und Amerbach, wurde eine Art Antisuevit gefunden, 10 - 50 m lange Gesteinskörper aus rötlich verwitterndem, rekristallisiertem Glas mit Einschlüssen von zerbrochenem Kristallin. Sedimente wurden nicht gefunden. Das rekristallisierte Glas liegt in Form einer feinkörnigen Masse aus Feldspat*, Pyroxen*, Hämatit* und Cristobalit* vor. Der "Rote Suevit" muß aus einem Kristallinbereich stammen, der fast ganz aufgeschmolzen wurde.

Porosität und Dichte: Suevit besitzt eine enorme Porosität, die 40 Vol.-% erreicht, wobei mehr als die Hälfte auf Mikroporen unter 0,1 μm Durchmesser entfallen. Die Dichte liegt trocken bei 1,55 g/cm^3.

Suevit als Baustein und Mörtel: Suevit wird im Rieser Land schon seit dem Mittelalter abgebaut und zu vorzüglichen, jedoch gegen Abgase empfindlichen Bausteinen verarbeitet. Hervorragendstes Beispiel seiner Verwendung ist die St. Georgskirche in Nördlingen (Bauzeit 1427 - 1505). Der älteste mit Suevit-Steinen errichtete Bau war die Kapelle von Christgarten am südlichen Riesrand (Ende 14. Jh.; im 30jährigen Krieg zerstört). Mit Suevit erbaut sind außerdem Burg Niederhaus in der Nähe von Christgarten, Tore und Mauern in Nördlingen, Schloß und Kirche Reimlingen, die Kirchen von Hohenaltheim und Christgarten, Kloster und Kirche Kaisheim, die Schlösser in Harburg, Höchstädt, Dillingen und Dischingen sowie Festungsanlagen in Ingolstadt (vgl. S. 41). In moderner Zeit wurde er für Verwaltungsbauten in Augsburg und München (z.B. Bundesbahn-Zentralamt) verwendet.
Neben der Nutzung als Baustein, wurde der "Feuerduftstein" schon früh zur Ausmauerung von Öfen genommen und donauabwärts bis Ungarn gehandelt.

Durch Kleinmahlen und Mischen mit Kalk und Wasser wurde außerdem ein guter, wasserfester Mörtel gewonnen, der in der Bauindustrie als Traß bezeichnet wird. Als nach dem 30jährigen Krieg die hohe Zeit der mittelalterlichen Großbauten vorüber war, entstand mit dem neuerlichen Einsetzen der Bautätigkeit in der Zeit des Barock und danach im Süden und Osten des Ries eine ganze Industrie, die sich mit der Gewinnung von Suevitmehl beschäftigte. In neuerer Zeit wurde Suevitmörtel beim Bau der Bahnstrecke Augsburg - Nürnberg in Brücken und Grundmauern verwendet (SCHNELL 1926).

Bunte Trümmermassen

(Zusammenfassend für: Sprengschollen und Bunte Brekzie, die nach den häufig darin zu findenden farbigen Gesteinen des Keupers benannt ist; 1901 von BRANCO und FRAAS eingeführt.)

➔ Exkursionshinweise: Steinbruch Bschor, Ronheim bei Harburg (S. 118-15); Steinbruch Teich bei Gundelsheim (S. 116-11); Steinbruch Siegling bei Holheim (S. 119-22).

Die bunten Trümmermassen stellen die Hauptmenge des heute noch vorhandenen Auswurfs dar. Man findet sie in den Randbereichen des Kraters und im Vorries, wo sie zusammen mit dem Suevit die Auswurfdecke bilden, deren gute Erhaltung dem Ries eine Sonderstellung unter den irdischen Kratern gibt.
Im Unterschied zum Suevit wurden die Trümmermassen kalt ausgeworfen und enthalten keine Schmelze. Alle Gesteine des Grund- und Deckgebirges kommen darin vor, diejenigen des Deckgebirges und besonders des Malms machen aber bei weitem die Hauptmasse aus (90 - 95 %).
Die zertrümmerten Malmkalke werden im Rieser Land als "Gries" bezeichnet. Als Härtlinge aus den Bunten Trümmermassen herauswitternd, bilden sie auffallende kleine Höcker in der Landschaft, die sogenannten Griesbuckel (Abb. 21). Wo sie gehäuft auftreten, spricht man von einer Griesbuckellandschaft, z.B. südlich Harburg. Der Gries findet als Schotter Verwendung.

• **Sprengschollen** sind Brocken ab 25 m Größe, die entweder verstellt oder gar durch die Luft geschleudert wurden. Einzelne Schollen erreichen über 1 km Länge! Ihr Gefüge ist stark gestört bis

zertrümmert, die Schichtung manchmal auf den Kopf gestellt oder gefaltet, der Gesteinsverband aber noch annähernd erhalten. Auf Rissen in den Schollen haben sich zum Teil Reibungsbrekzien gebildet (REIFF 1978) oder die Risse sind sogar von Bunter Brekzie durchschossen (Gangbrekzien, z.B. ABADIAN u.a. 1973). Typisch ist die Striemung der Oberfläche von größeren Sprengschollen am Kraterrand, die von der im Flachschuß darüber hinweg schleifenden Bunten Brekzie verursacht wurde (s. Schliff-Flächen, S. 59).
Sprengschollen kommen ab 5 km (außerhalb des Kristallinen Walls, s. S. 44 u. 54) und noch 35 km von der Kratermitte entfernt vor.

Abb. 20 Auswürflinge bei Trugenhofen östlich Dischingen.

Ihr Anteil an den Trümmermassen und auch die Größe der Schollen selbst nimmt nach außen hin ab. Der Anteil an Sprengschollen aus höheren Schichten nimmt nach außen hin zu. Eine Ausnahme bilden Schollen aus dem Kristallin, die noch weiter außen vorkommen als solche aus dem Dogger. Die Schockmetamorphose erreicht die Stufen 0 und I.

• Die **Bunte Brekzie** umfaßt Trümmermassen mit "Korngrößen" unter 25 m. Die Mächtigkeit schwankt zwischen 200 m im Ur-Maintal (S. 78) und Null, wie überhaupt in ehemaligen Vertiefungen größere Massen von Bunter Brekzie zur Ruhe kamen.

Korngrößenverteilung, Struktur und Aussehen sind sehr verschieden: Schwarze, hellbraune, rote und weiße Ton-, Sand- und Kalksteine wechseln einander ab, kommen aber auch gemischt vor. Weichere Gesteine zeigen intensive plastische Verformung: Sie sind gestreckt, gebogen, gedreht, gefaltet oder gewickelt.

Abb. 21 Griesbuckel bei Harburg.

Bekanntes Beispiel für Ablagerung Bunter Brekzie in Geländevertiefungen ist die Situation am Lauchheimer Tunnel, der den Paß zwischen Egertal und Jagsttal unterfährt. Während die Hügel zu beiden Seiten aus Weißjurakalk bestehen, stellte sich beim Bau des Tunnels heraus, daß dieser ganz in rinnenartig dazwischen liegender Bunter Brekzie verläuft. Die Tunnelbauer hatten ein plombiertes, altes Tal entdeckt, das Tal der Ur-Eger.

In 12-18 km Umkreis, also im inneren Vorries, besteht die Bunte Brekzie hauptsächlich aus vergriesten Malmkalken mit nach außen geringer werdendem Kristallinanteil. Bemerkenswert ist der 70-90 % hohe Anteil an Gesteinen, die nicht aus dem Krater selbst stammen, sondern sekundär vom Aufprall des Auswurfs aus dem Boden herausgeschleudert und mit dem Kratermaterial vermischt wurden. Das betrifft vor allem tertiäre Ton- und Sandsteine, die mit wachsendem Abstand vom Ries immer größere Anteile der Matrix der Vorries-Brekzie bilden, aber auch die Malmkalke. Die Stoßwellenmetamorphose erreicht die Stufen 0 - II.

Kristallinschollen

➔ Exkursionshinweis: Limberg bei Unterwilflingen (S. 115-6).

Das kristalline* Grundgebirge liegt in der Umgebung des Ries 500 - 600 m unter Gelände, im Ries jedoch kommen kristalline Gesteine inmitten tertiärer Ablagerungen an die Oberfläche. Und zwar in einem lockeren Kranz von Hügeln im Abstand von 5 - 6 km um die Riesmitte. Dazu gehören im Uhrzeigersinn: Wennenberg, Alerheimer Schloßberg, Steinberg und Hahnenberg bei Appetshofen, Adlersberg, Stoffelsberg, Galgenberg und Marienhöhe bei Nördlingen, Wallersteiner Felsen und der Ulrichsberg bei Maihingen.
Diese Hügel bestehen meist nicht ganz aus Kristallin, sondern tragen Kappen aus Süßwasserkalk. Sie bilden die höchsten Aufragungen des weitgehend unterirdisch verlaufenden **Kristallinen Walls**, einer nach Norden offenen, hufeisenförmigen Zone aus hochgeschleppten Kristallinschollen. Der Wall steigt aus dem Kraterinneren relativ steil auf, scheint aber nach außen viel flacher abzufallen und in die Schollenzone überzugehen. Wie schon bei den Bunten Trümmermassen erwähnt, zu denen auch die großen, inneren Sprengschollen gerechnet werden, kommen Kristallinschollen auch in der Schollenzone vor, z.B. im Albuch bei Hürnheim.
Das Kristallin selbst besteht aus stark beanspruchten bis zertrümmerten und durcheinandergemengten Graniten, Gneisen, Amphiboliten und (magmatischen) Ganggesteinen. Wie bei den Bunten Trümmermassen kommen auf Rissen in und zwischen den Schollen Gangbrekzien aus gemischtem Kristallinmaterial vor, die während der Explosion dort hineingeschossen worden sind.

Kristalline Brekzien

➔ Exkursionshinweis: Leopold Meyers Keller, Nördlingen (S. 114-3).

Mengenmäßig stark zurücktretende Gesteine, aufgebaut aus Kristallintrümmern verschiedener Herkunft, daher auch polygene oder polymikte kristalline Brekzien genannt. In der Größenordnung stellen sie den Übergang zwischen kristallinen Gangbrekzien (s.o.) und zertrümmerten Kristallinschollen dar. Als mehr oder weniger abgegrenzte Gesteinskörper treten sie im Inneren Ring, der

Schollenzone und im Vorries auf. Wie die Bunte Brekzie zeigen sie Stoßwellenmetamorphose bis zur Stufe II.

Reutersche Blöcke

(Entdeckt von A. PENCK in den 80er Jahren des 19. Jh.s (PENCK & BRÜCKNER 1909, Bd. 1, S. 50); gedeutet von BRANCA & FRAAS (1907) und durch den Münchner Geologen LOTHAR REUTER).

Faust- bis tischgroße Brocken aus Malmkalk, die vor allem in einer südlich des Ries gelegenen Zone gefunden werden, die sich bis weit nach Oberschwaben hinein, bis Ulm und Augsburg erstreckt (Abb. 22, 23, 32). Die Blöcke stecken in Tertiärablagerungen, die gleiches Alter wie das Riesereignis haben (Mittelmiozän), bzw. liegen an deren oberer Grenze zu den quartären Schottern. Daher werden sie als Auswürflinge gedeutet (REUTER 1926). Die Zone der Reuterschen Blöcke ist danach die Fortsetzung des Vorries.

GALL & MÜLLER (1975) zweifeln die ausschließliche Herkunft der Reuterschen Blöcke aus dem Ries an. Nicht nur eine andere Deutung der Reuterschen Blöcke im Umkreis des Ries ist möglich, es kommen ähnliche Blöcke auch in weiter entfernten Gebieten des Molassebeckens* vor, z.B. bei Straubing. Es wird zur Zeit aber nicht damit gerechnet, daß Blöcke so weit geschleudert werden könnten. Nach DAVID (1969) ist freier ballistischer Flug für Kalkbrocken über diese Entfernungen nicht möglich, weil die nötige Startbeschleunigung die Brocken zerschlagen würde. Er schlägt aber vor, daß sie nach dem Auswurf von expandierenden Gasen weiter nach außen verfrachtet worden sein könnten.
Lit.: SCHEUENPFLUG 1980

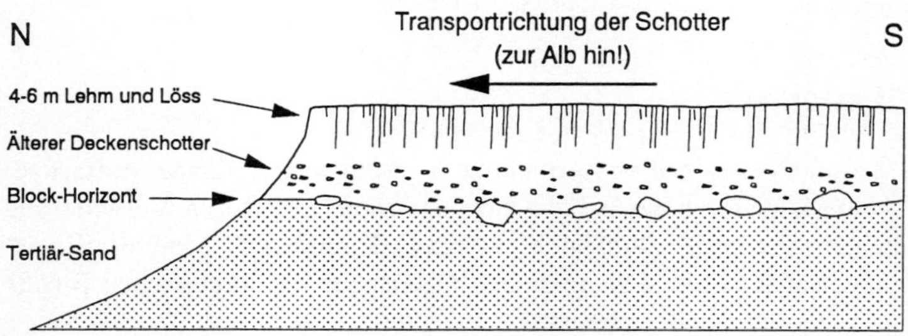

Abb. 22 Schema der Lagerung der Reuterschen Blöcke (nach REUTER 1926).

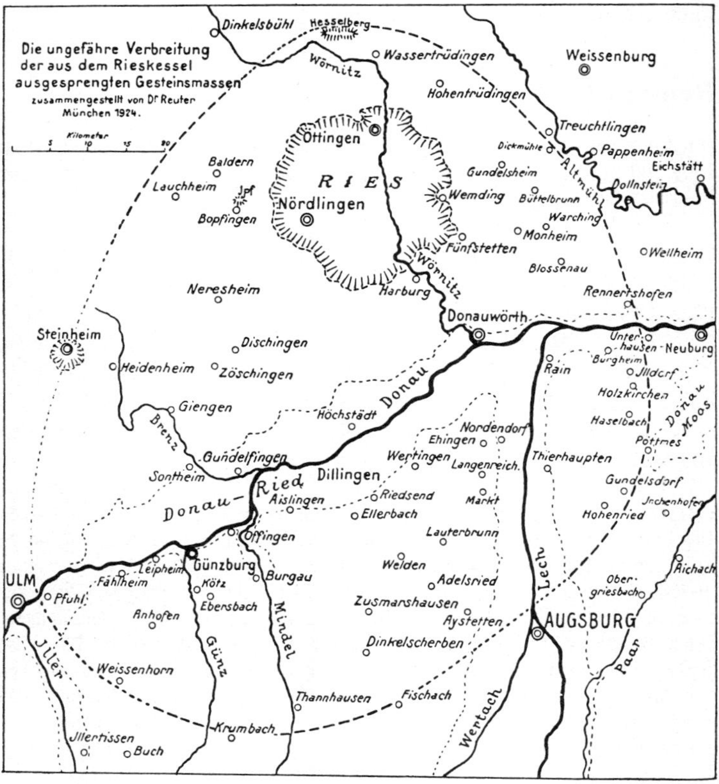

Abb. 23 Verbreitung des Ries-Auswurfs. Südlich der Donau das Gebiet der Reuterschen Blöcke (aus REUTER 1926).

Bentonite*

In der Oberen Süßwassermolasse vorkommende, dünne, tuffartige, weiße Lagen aus ehemaligen Schmelztröpfchen. Durch Verwitterung haben sie sich allmählich in das Tonmineral Montmorillonit* umgewandelt. Sie sind im selben Gebiet wie die Reuterschen Blöcke verbreitet und haben ebenfalls Ries-Alter.

Die Bentonite gelten als eine Art Mikro-Tektite* (s.a. den folgenden Abschnitt).

Moldavite

(nach dem Fluß Moldau in Böhmen)

Zu den Tektiten* gehörige Gesteinsgläser (Glas*) von grüner oder schwarzer Farbe, häufig stromlinienförmig. Sie werden in Tektitstreufeldern gefunden, die in Südböhmen um Budweis und Radomilice, in Mähren um Trebitsch und im Waldviertel bei Radessen liegen, sowie bei Prag und Dresden, wohin sie durch Moldau und Elbe verschwemmt wurden (Abb. 32). Ihr äußerer Rand ist über 300 km vom Ries entfernt (BOUSKA 1964). Der Zusammenhang mit der Rieskatastrophe gilt als sehr wahrscheinlich, vor allem seit eine radiometrische* Datierung ein mit dem Riesereignis zeitgleiches Alter von 14,7 Mio. Jahren erbracht hat (GENTNER & WAGNER 1969, s.a. S. 48).

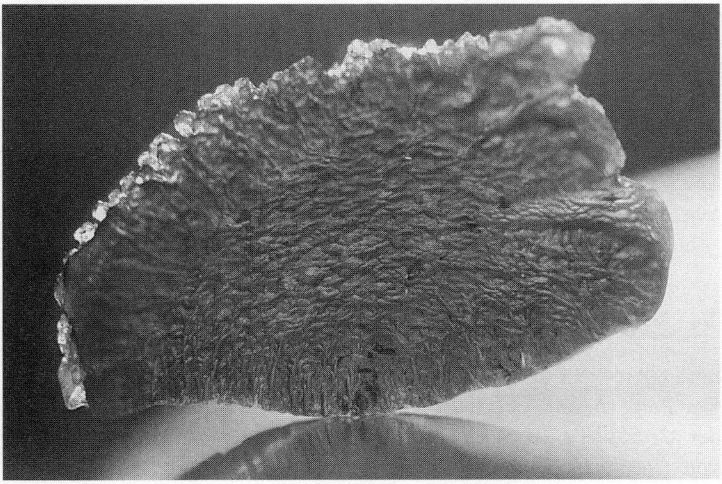

Abb. 24 Moldavit - der böhmische Tektit.

Die Moldavite werden heute von aufgeschmolzenen Sanden der Oberen Süßwassermolasse (Jungtertiär) abgeleitet (LUFT 1983), die vor allem im südlichen Teil des Zielgebiets des Meteoriten die Landoberfläche bedeckten (vgl. "Rieser Land und Ostalb vor dem Meteoriteneinschlag" S. 40). Die getroffenen Sande dürften mit extremen Geschwindigkeiten in die höhere Atmosphäre geschleudert und dort mit den Höhenströmungen verdriftet worden sein (GAULT u.a. 1968). Die chemische Zusammensetzung der Moldavite liefert sogar Anzeichen dafür, daß die Sande zunächst verdampften und aus einer Siliziumdioxid*-Wolke wieder kondensierten (ENGELHARDT & LUFT 1987).

3. Spuren stärkster mechanischer Zerstörung

Sie sind im vorigen Abschnitt zum Teil schon erwähnt worden, ja eigentlich stellt jedes dieser exotischen Gesteine und dessen Lagerung eine solche Spur dar. Man findet:

Gekippte Schollen

z.B. am Wössinger Berg oder im Steinbruch Gosheim, wo eine Jurakalkscholle "auf der Seite" liegt, oder ähnlich am Hühnerberg bei Bühl i. Ries (Ostries). Die nahegelegene Bohrung Wörnitzostheim 1965 durchteufte - von oben nach unten - folgendes Profil: Tertiär, Suevit, Granit, einen gedrehten Keuperblock, Lias, Dogger. Die Schollen müssen demnach regelrecht riesauswärts gepurzelt sein.

Verbogene Gesteine

in der Art einer schwachen Faltung, z.B. in Gosheim und Thalheim. Der Biegevorgang oberflächennaher Schollen während des Durchlaufs der Druckwelle ist mechanisch nicht ganz unproblematisch, da man von einer schnellen und kalten Verformung ausgeht, die allgemein eher zu Brüchen führt.

Zerrüttung des Gesteins

Im Krater und an seinen Rändern findet man keinerlei gute Bausteine mit Ausnahme des Suevits und der Süßwasserkalke des späteren Riessees. Die anderen Gesteine sind von vielen feinen Rissen durchzogen, brekziiert und sogar bis in die mineralischen Bestandteile zertrümmert!

Zerscherte Fossilien

darunter die "Ries-Belemniten", die oft wie eine aufgeschnittene Salami der Länge nach in Scheiben zerlegt sind.

Schliff-Flächen, Striemung

auf der Oberseite von Sprengschollen und außerhalb des Kraters anstehendem Gestein, wo es von Bunter Brekzie überlagert wird. Die Striemung der Schliffe weist stets vom Ries fort: Offenbar ist die Bunte Brekzie flach riesauswärts geschossen worden und hat dabei die damalige Landoberfläche "rasiert" (Abb. 17).

Strahlengranite, Strahlenkalke, Gesteine mit "shatter cones" (Strahlenkegeln)

(Erste Beschreibung eines Strahlenkalks im Steinheimer Becken durch BRANCO & FRAAS 1905. "shatter cones" = Schmetterkegel.)
In der Bohrung Nördlingen 1973 wurden Strahlengranite vom Kraterboden gefunden (BAYER. GEOL. LANDESAMT 1974, 1977). Ausführlicher zu Strahlenkalken S. 90.

Diaplektische Kristalle

(von griech. *dia*, durch und *plesso*, schlagen)
Kristallstrukturen können sich durch Stoßwellen verändern. Dabei treten "planare Elemente" auf, flächige Unregelmäßigkeiten, die das Kristallgitter in mikroskopischem Maßstab durchsetzen. Entlang der planaren Elemente ist der Kristall isotropisiert, d.h. sein Kristallbau weist keine Vorzugsrichtung mehr auf, wie dies sonst nur bei Kristallen kubischer* Symmetrie* vorkommt. Daneben können Dichte, Licht- und Doppelbrechung herabgesetzt sein.
Aus Riesgesteinen wurden besonders Quarzkristalle mit planaren Elementen bekannt.

Diaplektisches Glas

(Erklärung s.o.: Diaplektische Kristalle)

Wenn ein Festkörper von einer heftigen und so kurzzeitigen Krafteinwirkung betroffen wird, daß er nicht durch plastische Verformung oder Bruch reagieren kann, brechen seine Kristallgitter zusammen und es entsteht Glas*.
Solche "diaplektischen" Gläser (im Gegensatz zu Schmelzgläsern, s. S. 48 - "Flädle", S. 50 - "Roter Suevit", S. 56 - Bentonite und S. 57 - Moldavite sowie nächster Abschnitt) sprechen für Drucke von über 100 kbar! Sie wurden sowohl im Suevit als auch in den Bunten Trümmermassen gefunden und können noch die ursprünglichen Formen der Mineralkörner aufweisen.

4. Hinweise auf hohe Temperaturen

Schmelzglas

In Glasbomben gefundene Zersetzungsprodukte von Mineralien lassen auf eine Erwärmung auf mindestens 1950 °C schließen (El Goresy 1968, Stähle 1972). Schätzungen der Menge aufgeschmolzenen Grundgebirges schwanken zwischen 0,1 km^3 (niedrigster Wert bei Stöffler 1977) und 1,45 km^3 (Engelhardt & Graup 1984). Die Hauptmasse der ehemaligen Schmelze ist im Suevit des Kraterinneren enthalten, große Mengen auch im äußeren Suevit (S. 49). Daneben kommen die Bentonite (S. 56) und Moldavite (S. 57) in Betracht.

Erhitztes Kristallin. Bei der Forschungsbohrung Nördlingen 1973 wurden Proben von zertrümmertem Kristallin aus 600 m Tiefe vom Kraterboden heraufgeholt und später mit der Spaltspuren-Methode datiert. Mit einer Abwandlung derselben Methode wurden sie auf thermische Überprägung durch den Einschlag untersucht. Dabei ergab sich eine Erwärmung auf lediglich 200 °C - 255 °C. Oberflächen-Proben von Gesteinen des kristallinen Rings ergaben Höchstwerte von nur 115 °C (Miller & Wagner 1979).

5. Hochdruckmineralien

Durch die Veröffentlichung ihres Forschungsberichts im Jahr 1961 entschieden die Amerikaner SHOEMAKER und CHAO die Auseinandersetzungen um das Ries zugunsten der Meteoritentheorie (s. S. 42). Zuvor hatten sie in Sueviten das Siliziumdioxid*-Mineral Coesit* gefunden, das 1953 zum ersten Mal beschrieben und erst seit 1960 und nur von einem einzigen Ort der Welt bekannt war: dem Meteorkrater in Arizona. Später entdeckte man noch zwei weitere Hochdruckminerale: Ebenfalls in Sueviten kommt Stishovit* vor, außerdem in Graphitgneisen des Kristallinen Rings die Kohlenstoff-Art Chaoit*, die im Ries zum ersten Mal überhaupt entdeckt wurde.
Die Hochdruckminerale sind durch die ungeheure Druckwelle, die während und nach dem Einschlag das Gestein durchdrungen hat, aus den vorher vorhandenen Mineralen erzeugt worden.

Der Einschlag

Von der Schwierigkeit, sich einen Riesenmeteoriten vorzustellen

Wenn man versucht, die Riesphänomene unter einen Hut zu bringen und das Riesereignis in der Gesamtschau zu rekonstruieren, stößt man sehr schnell an die Grenzen des Vorstellungsvermögens. Da helfen auch Zahlen und Formeln nicht weiter, die für uns die einzige Möglichkeit sind, das Riesenhafte zum Vertraut-Kleinen ins Verhältnis zu setzen. Denn leider können wir uns auch das Verhältnis nicht vorstellen.
Ein Beispiel: Was sind tausend Tonnen? Tausend Tonnen sind das tausendfache einer Tonne. Aber noch nie hat jemand eine Tonne gehoben, darum ist dieses Gewicht auch nicht ohne weiteres vorstellbar. Dagegen hat jeder schon mal einen Menschen gehoben - 60 oder 70 Kilogramm. Eine Tonne ist das fünfzehnfache. Fünfzehn Menschen heben? Läßt man die Phantasie beiseite, so ist das mangels Erfahrung sicher unvorstellbar, wogegen das Verhältnis 1:15 an sich keine Vorstellungsprobleme bereitet. Für tausend Tonnen wären das 1:15000. Das wird schon schwierig. Und der Riesmeteorit - nun, der hatte vielleicht ein Gewicht von 500 Millionen bis 1 Milliarde Tonnen!
Also muß man andere Wege gehen. Hier hilft ein Größenvergleich weiter: 500 - 1000 Millionen Tonnen entsprechen bei der Annahme, es wäre ein Steinmeteorit gewesen, in etwa der Größe und dem Gewicht der oberen 800 m des Matterhorns (≈ 720 Mio. t, Abb. 25). Wir vergleichen den Riesmeteoriten also einfach mit dem Stereotyp "großer Berg".
Die Vorstellungsschwierigkeit besteht in übrigen auch für die Riesforscher. Alle Angaben über Größe, Geschwindigkeit, Flugrichtung und Materie des Meteoriten sind Annahmen oder Extrapolationen, die allerdings oft gut begründet sind. Ausgehend von den im Abschnitt "Riesphänomene" (S. 44 f) geschilderten geologisch-mineralogischen Befunden gelangt man schließlich zu einer oder mehreren hypothetischen Vorstellungen, sogenannten Modellen.

Die verschiedenen Modelle können beträchtlich voneinander abweichen. Für eine auf 10^{20} Joule extrapolierte Einschlagenergie (GAULT 1974, RODDY u.a. 1975) sind schon bei der Annahme, es wäre ein Steinmeteorit gewesen (Dichte 3-4 g/cm³), und den aus der Astrophysik bekannten Randbedingungen für die Einschlaggeschwindigkeit Durchmesser von 291 m bis 1017 m möglich. Vergleichsweise hätten die oberen 800 Meter des Matterhorns, als Kugel gedacht, einen Durchmesser von rund 820 m. Zieht man weitere Meteoritenklassen in Betracht, erweitert sich dieser Spielraum noch beträchtlich.

Abb. 25 Der Riesmeteorit verglichen mit den oberen 800 m des Matterhorns (über der eingezeichneten Linie).

Alle Zahlenangaben zum Meteoriten oder den Vorgängen des Einschlags, gleich von welchem Verfasser, müssen also mit einem gewissen Vorbehalt genommen werden - es könnte buchstäblich nur die Hälfte davon wahr sein.

■ Auch der folgenden Schilderung der Rieskatastrophe liegt ein Modell zugrunde, seine Größen sind aus dem zur Verfügung stehenden Zahlenbereich durch Annahmen ausgewählt; in sich jedoch ist es logisch und zusammenhängend. **Römische Ziffern** verweisen auf die Erläuterung einiger Aussagen im Abschnitt "Physik des Einschlags", S. 70. Um die Zahl der bestehenden Modelle nicht unnötig zu vergrößern, werden weitgehend die Vorstellungen von STÖFFLER und OSTERTAG (1983) verwendet.

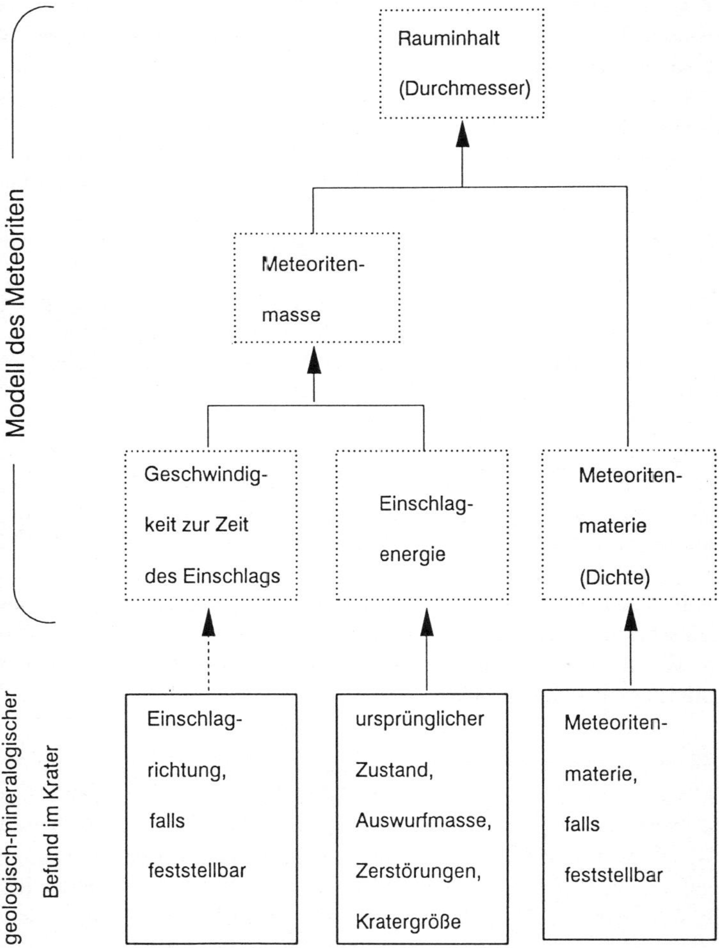

Abb. 26 Grundsätzliches Modell eines Einschlags.

Die Katastrophe

Ein 700 m langer Felsbrocken, der seit Jahrmilliarden weitab von der Sonne durch den Raum getrieben war, kam im Miozän durch eine Störung von seiner Bahn ab und stürzte ins innere Sonnensystem. Nach jahrelangem Flug geriet er auf Kollisionskurs mit der Erde.
Als er mit seinem Gewicht von 500 Millionen Tonnen die irdische Atmosphäre durchschlug, entstand an seiner Vorderseite eine Stoßfront aus zusammengepreßter Luft, die explosiv zur Seite geschleudert wurde und heulend an ihm vorbei strömte. Seine Oberfläche erglühte und begann zu schmelzen. In der dichteren Atmosphäre der letzten 140 Kilometer seiner Bahn loderte er auf und erzeugte eine feurige Schleppe aus abgerissenen Schmelztropfen hinter sich. Am Himmel erschien nun ein Leuchtpunkt (**I**).

Bis zum Moment des Einschlags hatten ihn die vereinigten Anziehungskräfte von Sonne und Erde auf ein Höllentempo von 20 km/s beschleunigt, die 66fache Schallgeschwindigkeit. Die Wolken zerrissen, blitzschnell und unhörbar kam er heran. 7 Sekunden nach der ersten Wahrnehmung schlug er auf (**II**).
In diesem Moment jagten zwei gewaltige Stoßwellen durch Meteorit und Gestein (**III**). Sie erzeugten an den Grenzflächen einen Spitzendruck von 5 Millionen Atmosphären (**V**) und die Temperatur rund um den einschlagenden Meteoriten stieg auf 20000 Grad (**VI**). Die oberste Verwitterungsdecke war sofort zur Seite gespritzt - jetzt schmolzen und verdampften das darunterliegende Gestein, das Grundwasser und die Meteoritenmaterie und wurden in mehreren fauchenden Strahlströmen nach oben und weit in die Luft hinausgeschleudert (**VIII**).

Während der Meteorit an der Vorderseite von der eigenen Verformung gebremst wurde und verdampfte, stieß der Rest mit noch unverminderter Geschwindigkeit tiefer in die Erdkruste vor - bis in den kristallinen Grund.
Die Stoßwellen gaben ihrerseits dem Gestein eine ungeheure Beschleunigung und sprengten um den Einschußkanal herum einen mit mehr als ihrer halben Eigengeschwindigkeit wachsenden Krater aus. Im Umkreis von 12 Kilometern barst donnernd die Erde und riesige

Gesteinsschollen schossen steil heraus, noch im Fluge in Stücke zerbrechend.

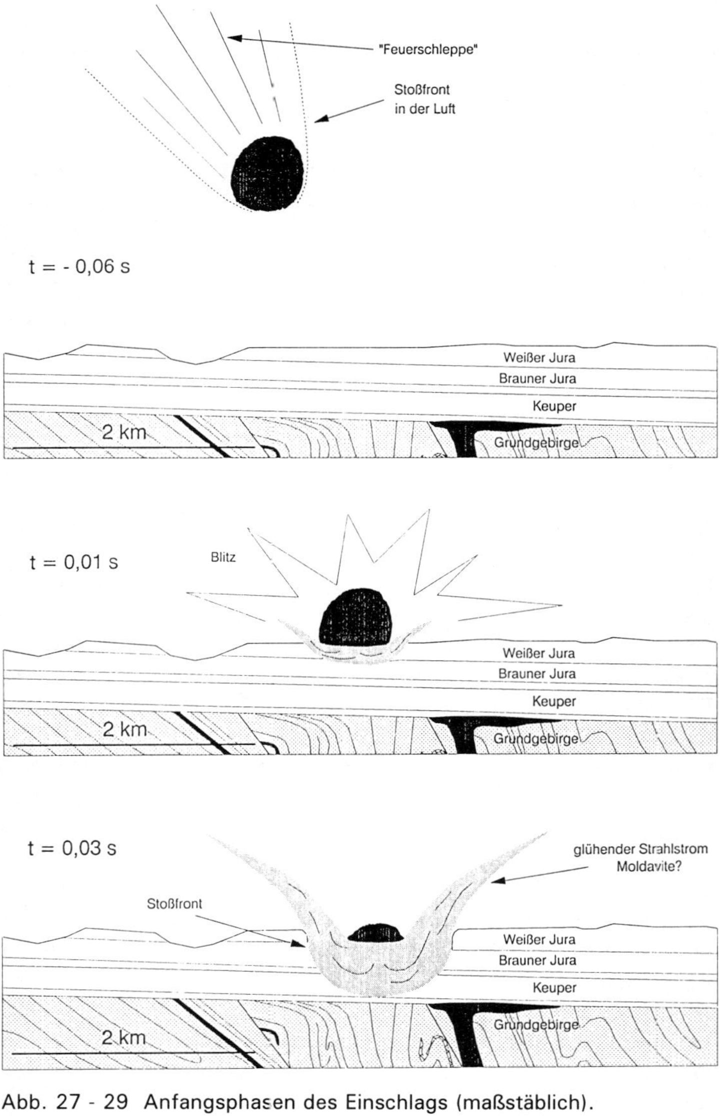

Abb. 27 - 29 Anfangsphasen des Einschlags (maßstäblich).

Der Krater wuchs auf Kosten der jeweils schräg und seitlich oberhalb des Geschosses liegenden Gesteinsmassen, während die schräg und senkrecht unter ihm liegenden Massen nicht ausweichen konnten und verdichtet wurden. Sie erfuhren daher sehr viel höhere Drucke und stärkere innere Verformungen und wurden schlagartig geschmolzen und verdampft.

All dies spielte sich in nur vier hundertstel Sekunden ab. Dann war auch der Großteil des Meteoriten verdampft. Der schon langsamer gewordene Rest explodierte in einer Tiefe von knapp einem Kilometer (**IV**), als die ihn selbst durchdringende Stoßwelle seine Rückseite erreicht hatte (**VIIa**).
Sekundenbruchteile darauf erfolgte eine zweite, viel größere Explosion: Die unter dem eindringenden Geschoß zusammengepreßte Erdkruste schnellte nun hoch und schleuderte eine wirbelnde Glutwolke aus Schmelze, Dampf und kristallinen Gesteinstrümmern in den Himmel. Ein neuer, steilerer Krater wurde ausgesprengt, dessen Wände kurz darauf wieder zusammenbrachen (**VIIb**).

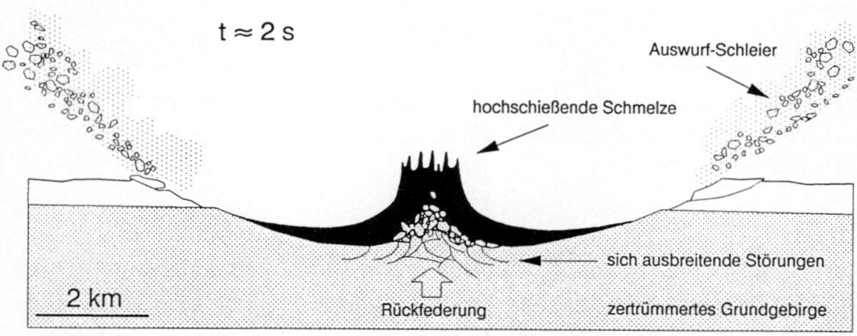

Abb. 30 Auswurf der Trümmermassen und Beginn des zentralen Auswurfs. Maßstabswechsel im Vergleich zu Abb. 27-29.

Unterdes breiteten sich die zerstörerischen Wellen weiter aus, das Gesteinsgefüge bis in Tiefen von 6 Kilometer zerschlagend und im ganzen tertiären Mitteleuropa als Erdbeben spürbar.
Die Sekunden vorher ausgesprengten Trümmermassen waren wirbelnd, drehend und sich stoßend durch die Luft gefahren und fielen

nun im Umkreis von vielen Kilometern als dichter Schleier zur Erde nieder. Noch in 70 Kilometer Entfernung regnete es Steine, aber in der Umgebung des Kraters kamen die Felsen hageldicht vom schwarzen Himmel. Beim Aufschlag erzeugten die größeren Brocken erneut kleine Krater und besonders im Süden, wo unverfestigte Ablagerungen des ehemaligen Molassemeeres der Oberfläche des Malmkalks auflagen, entstand eine untrennbare Mischung von Auswurf und Molassesand. Andere Blöcke, groß wie Häuser, rasten wie Bulldozer über den Boden und schrammten ihn auf.

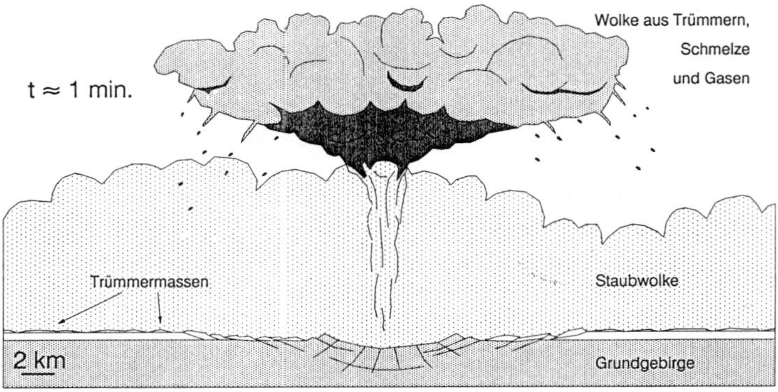

Abb. 31 Höhepunkt des zentralen Auswurfs während die Trümmermassen schon weitgehend abgelagert sind. Maßstabswechsel im Vergleich zu Abb. 30.

Bald lag der gesamte Auswurf als mächtige Decke über der geschundenen Landschaft, während in der Luft eine gigantische, bis in die Stratosphäre aufsteigende und die Sonne verdunkelnde Staub- und Wasserwolke hing. Die wirbelnde rote Glutwolke, die aus dem tiefsten Teil des Kraters gekommen war, stieß nun in die Staubwolke vor und breitete sich dann schirmartig nach den Seiten aus, langsam dunkler werdend. Große Mengen mit aufgestiegenen Heißdampfes hielten die Wolke eine Zeit lang in der Luft bis auch sie ihren Inhalt aus zertrümmerten Gesteinen und erstarrender Schmelze der Erde zurückgeben mußte. Als glosende und dampfende Masse lagen sie jetzt auf den früher niedergegangenen Trümmern, das meiste davon im Krater selbst.

Oben am Himmel zogen sich die Wolken immer dichter zusammen. Gewitter tobten über dem Ort der Katastrophe und das verdampfte Grundwasser ergoß sich nun in sturzbachartigen Regenfällen über das Land. Noch wochenlang fielen Staub und Asche in der Umgebung nieder und färbten die Auf- und Untergänge der Sonne tiefrot. Kein Tier, keine Pflanze im Umkreis von 50 Kilometern hatte überlebt.

➔ S. 76

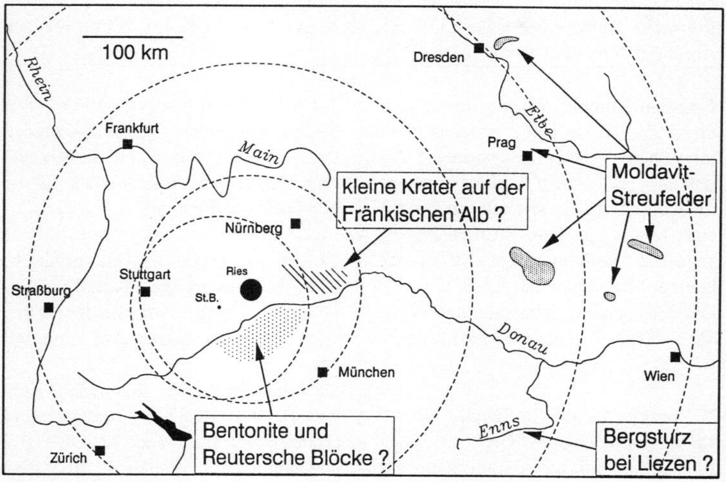

Abb. 32 Fernwirkungen der Einschläge. Kreise stellen Erdbebenwellen dar. Der Übersicht wegen und um anzudeuten, daß die Einschläge nicht genau gleichzeitig und nicht gleich heftig sind, wurde um den Steinheimer Einschlag nur eine Wellenfront gezogen.

Physik des Einschlags

■ Die inneren Zusammenhänge des Einschlagmodells sind an sich mathematisch einfach; die Herleitung wird deswegen in der Literatur allgemein nicht gegeben. Trotzdem sind diese Zusammenhänge keineswegs selbstverständlich, darum sollen hier einige Anregungen zu weiterem Verständnis gebracht werden. Hier werden einige Fragen der Art, "wie kommt man darauf?", beantwortet.
Römische Zahlen verweisen auf entsprechende Textstellen im vorangehenden Abschnitt "Die Katastrophe".

I Aufleuchthöhe: Meteore erscheinen meist bei 120 km Höhe in der unteren Ionosphäre. Wegen der enormen Luftreibung an der Oberfläche eines (ungebremsten) Riesenmeteoriten wird eine etwas größere Aufleuchthöhe angesetzt (Reibung als Funktion der Durchschlaggeschwindigkeit).
Die Flugrichtung kann aus der Form des Kraters nicht rekonstruiert werden.

II Energie, Geschwindigkeit, Masse, Dichte und Größe: Die Einschlag-Energie ist ein Basisdatum jeglichen Einschlagmodells (Abb. 26). Sie wird im wesentlichen nach geologischen Geländeaufnahmen, also aus der Lage der ausgeworfenen Massen vor und nach dem Einschlag in Modellrechnungen geschätzt. So gelangen POHL u.a. (1977) auf $2 \cdot 10^{19}$ J. Danach schätzen STÖFFLER & OSTERTAG die kinetische Energie auf 10^{20} J.
Zum Vergleich: Die größte bekannte Vulkankatastrophe war der Ausbruch des Tambora auf Sumbawa (Indonesien) 1815. Damals wurden 150 km^3 Gestein in die Luft geschleudert. Der Energieumsatz wird auf $1{,}44 \cdot 10^{20}$ J geschätzt (HÉDERVÁRI 1963).
Atombomben von der 10fachen Stärke der Hiroschima-Bombe entwickeln rd. $8{,}4 \cdot 10^{14}$ J (HÉDERVÁRI 1963). Die beiden genannten Naturkatastrophen (Meteoriteneinschlag und Vulkanausbruch) hatten also jeweils mehr als die 100.000fache Energie.

Ist die kinetische Energie ermittelt, kann die Einschlaggeschwindigkeit v_e geschätzt werden. Aus beiden Daten wird die Meteoritenmasse ermittelt (Abb. 26).
Da die Herkunft des Meteoriten unbekannt ist, kann v_e innerhalb der Grenzen 11 km/s und 72 km/s frei angenommen werden. In den Modellen sind Geschwindigkeiten nahe der unteren Grenze sehr beliebt, da man auf diese Weise einen großen Meteoriten "fliegen lassen" kann. In der Regel wird die Annahme kleiner Geschwindigkeiten mit dem häufigen Auftreten von Meteoriten dieser Geschwindigkeitsklasse begründet. Tatsächlich besteht aber kein ursächlicher Zusammenhang zwischen Wahrscheinlichkeit und Einzelereignis. Wie gesagt, läßt sich gegen eine "kleine" Geschwindigkeit von 20 km/s nichts einwenden, sie läßt sich jedoch nicht begründen.

Mit v_e = 20 km/s berechnet sich die Masse m des Meteoriten nach:

$m = 2\,E_{kin}/v^2$ (1)

Für die Masse ergeben sich dann 500 Mio t und für den mittleren Durchmesser des Meteoriten $d_{(M)}$ bei einer Dichte $\rho_{(M)} = 3\ g/cm^3$ (Felsbrocken) 683 m. Bei 60 km/s und gleicher kinetischer Energie wäre z.B. nur noch ein Steinmeteorit von 328 m Durchmesser nötig.

Bei 20 km/s benötigt der Meteorit 7 Sekunden um von der Aufleuchthöhe zur Erdoberfläche zu fallen. Eine Bremsung durch die Atmosphäre kommt wegen der Massenverhältnisse von Meteorit und durchstoßener Luftsäule nicht in Betracht.

III Stoßwelle und Verdichtung: Die Stoßwelle besteht aus Stoßfront und Nachströmung:

Die Stoßfrontgeschwindigkeit ist die Geschwindigkeit, mit der sich die Stoßfront (die Energie) durch Meteorit und Gestein bewegt (Abb. 33).

Die Nachströmgeschwindigkeit im Meteoriten oder im Gestein ist die Geschwindigkeit, mit der die Vorderseite bzw. Oberfläche beim Aufschlag eingedrückt wird, nachdem die Stoßfront hindurchgegangen ist. Solange Meteorit und Gestein in dieser Art nachgeben, bleibt die Geschwindigkeit des rückwärtigen Teils des Meteoriten erhalten.

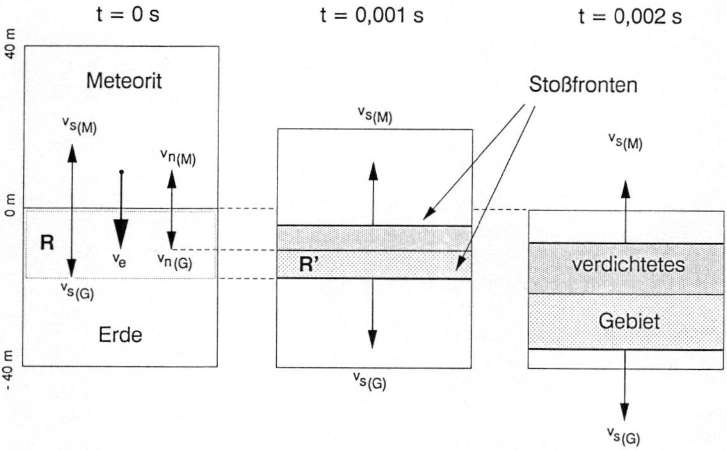

Abb. 33 Maßstäbliches Modell der Vorgänge am Einschlagpunkt in den ersten Millisekunden. **Links** ist das Verhältnis von Einschlaggeschwindigkeit, Stoßfrontgeschwindigkeit und Nachströmgeschwindigkeit dargestellt. **Links und Mitte**: In der Zeit t = 0,001 s wird der Raum R im Gestein mit Nachströmgeschwindigkeit $v_{n(G)}$ um die Strecke $t{\cdot}v_{n(G)}$ zu R´ zusammengedrückt. Der Kontakt Gestein-Meteorit hat sich um dieselbe Strecke nach unten bewegt. Die Stoßfront hat R durchlaufen. **Rechts**: Die Stoßfront im Meteoriten liegt tiefer als zu Anfang, da $v_{n(G)} + v_{n(M)} > v_{s(M)}$. Die gesamte Verkürzung beträgt nun genau $t{\cdot}v_e = t\,(v_{n(G)} + v_{n(M)}) = 40$ m.

Beide Nachströmgeschwindigkeiten setzen dann die Einschlaggeschwindigkeit v_e zusammen (Abb. 33 links):

$$v_e = v_{n(M)} + v_{n(G)} \qquad \textbf{(2)}$$

Bei der Aufteilung der Einschlaggeschwindigkeit spielt das Verhältnis der Dichten von Meteorit und Gestein eine Rolle: Ist der Meteorit dichter (und härter) als das Gestein, wird er weniger schnell zusammengedrückt als dieses. Also gilt:

$$v_{n(M)} = \frac{v_e \cdot \rho(G)}{\rho(G) + \rho(M)} \qquad \textbf{(3)}$$

$$v_{n(G)} = \frac{v_e \cdot \rho(M)}{\rho(G) + \rho(M)} \qquad \textbf{(4)}$$

Im Fall des Ries-Modell-Meteoriten ergibt sich:

$\rho_{(M)} = 3\ g/cm^3$, $v_{n(M)} = 9{,}47$ km/s
$\rho_{(G)} = 2{,}7\ g/cm^3$, $v_{n(G)} = 10{,}53$ km/s

Die Stoßfront bewegt sich schneller als die Nachströmung. Ihre Geschwindigkeit v_s hängt vom Kompressionsmodul K und der Anfangsdichte ρ des betroffenen Materials ab und zwar sinkt v_s mit der Dichte. Achtung! Hier darf nicht die Geschwindigkeit der p-Wellen (= Schallgeschwindigkeit im Gestein) eingesetzt werden! Die Stoßwelle bewegt sich mit Überschallgeschwindigkeit und geht erst später auf seismische Geschwindigkeit zurück.
Eine Näherung erhält man aus dem empirischen Ansatz:

$$v_s = C + S \cdot v_n \qquad \textbf{(5)}$$

der v_s und v_n linear verknüpft. S ist ein dimensionsloser Faktor, C ist die p-Wellen-Geschwindigkeit in Flüssigkeiten und ergibt sich als $\sqrt{(K/\rho)}$.
Da die besten Experimentalkanonen der NASA und militärischer Labors "nur" Geschoßgeschwindigkeiten von rund 6 km/s erreichen, sind meteoritische Stoßwelleneffekte nicht genau bekannt. Jedoch kann das Verhältnis v_s/v_n in Gesteinen grob zu 1,67 angenommen werden.

Verdichtung: In Abb. 33 ist der Zustand vor und nach dem Durchgang der Stoßwelle durch den Raum R dargestellt. Nach dem Gesetz der Erhaltung der Masse gilt:

$$m_{(R)} = m_{(R')} \text{ und}$$
$$\rho \cdot h \cdot A = \rho' \cdot h' \cdot A' \qquad \textbf{(6)}$$

wenn h und A Höhe und Querschnittsfläche von R sind. Wegen: $h = v_s \delta t$, und: $h' = v_s \delta t - v_{n(G)} \delta t$, wird Gl. 6:

$$\rho \cdot v_s \cdot \delta t = \rho' \cdot (v_s \cdot \delta t - v_{n(G)} \cdot \delta t) \text{ oder:}$$

$$\boxed{\rho\, v_s = \rho' \,(v_s - v_{n(G)})} \qquad \textbf{(7)}$$

Das ist die sog. 1. Hugoniot-Gleichung, die aus dem Gesetz der Erhaltung der Masse folgt.

Durch Umformung erhält man daraus die Verdichtung als Faktor ρ'/ρ. Es ergibt sich ein Faktor von 2,49. Die Hugoniot-Dichte ρ' ist nur ein theoretischer Wert. In Wirklichkeit verdampft das Gestein vor Erreichen dieser Dichte.

IV Einschlagdauer: Als Einschlagdauer t* wird bei einem ungebremsten Großmeteoriten die Zeit angesehen, die die Stoßwelle braucht, um seine Rückseite zu erreichen. Unter der Annahme, daß v_s auch beim

Durchlaufen eines rundlichen Körpers konstant bleibt, ist:

$$t^* = d_{(M)}/v_{s(M)} \quad \textbf{(8)}$$

Im Modell ist t* = 0,043 s. Zu dieser Zeit hat der Meteoritenrest schon 860 m Tiefe erreicht.

V Impuls und Druck: Der Druck entsteht durch Stoß des Meteoriten auf die Erde. Also muß zu seiner Berechnung die Impulsübertragung betrachtet werden: In Bezug auf die Erde hat der Meteorit den Impuls:

$$I_{(M)} = m_{(M)}\, v_e \quad \textbf{(9)}$$

Obwohl die Erde in diesem Bezugssystem den Anfangsimpuls 0 hat und der Gesamtimpuls erhalten bleiben muß, wird während des Einschlags nicht der gesamte Impuls $I_{(M)}$ als ein δI dem Gestein zugeführt, sondern es wird ein Teil davon zum Verdampfen und zum Auswurf der Dämpfe gebraucht. Jedoch hat die Stoßwelle zur Zeit t* am Ende des Einschlags einen Radius r*, innerhalb dessen sich eine Masse $m^*_{(G)}$ befindet. Der bis t* übertragene Impuls ist dann:

$$\delta I^* = m^*_{(G)}\, \delta v_{n(G)} \quad \textbf{(10)}$$

Der Druck ist Kraft je Fläche, wobei die Kraft F bestimmt ist durch:

$$F = \delta I^*/\delta t \quad \textbf{(11)}$$

Nun ist der Druck p an der Wellenfront mit der Fläche A:

$$p = \frac{m^*_{(G)}}{A^*_{(G)}} \cdot \frac{\delta v_{n(G)}}{\delta t}$$

$$p = \frac{\rho_{(G)} \cdot V^*_{(G)}}{A^*_{(G)}} \cdot \frac{\delta v_{n(G)}}{\delta t} \quad \textbf{(12)}$$

Der Druck vermindert sich also mit dem Anwachsen der Halbkugelfläche. Volumen und Außenfläche der Halbkugel sind: $V = 2/3\ \pi\ r^3$, $A = 2\pi\ r^2$. Also kann $V^*_{(G)}/A^*_{(G)}$ durch r*/3 ersetzt werden. Außerdem wird $\delta v_{n(G)}$ gleich $v_{n(G)}$, da die relative Anfangsgeschwindigkeit des Gesteins 0 ist, und δt wird t*. Man erhält:

$$p = \frac{1}{3} \rho_{(G)} \cdot v_{s(G)} \cdot v_{n(G)} \quad \textbf{(13)}$$

Für die Aufschlagfläche kann eine ebene Stoßwelle angenommen werden (Abb. 33). Dann ist $V_{(G)}/A_{(G)} = r = t \cdot v_s$ und der Spitzendruck für Meteorit und Gestein:

$$\boxed{p = \rho \cdot v_s \cdot v_n \quad \textbf{(14)}}$$

Dies ist die 2. Hugoniot-Gleichung, die aus dem Gesetz der Impulserhaltung folgt.
Durch Einsetzen der Werte erhält man...

$$p = \left\{ \frac{20 \cdot 10^5 \mathrm{cm/s} \cdot 3\,\mathrm{g/cm}^3}{(2{,}7 + 3)\,\mathrm{g/cm}^3} \right\}^2$$

$$\cdot 1{,}67 \cdot 2{,}7\,\mathrm{g/cm}^3$$

$$= 5 \cdot 10^{12}\,\mathrm{g/(cm \cdot s^2)} = 5\ \mathrm{Mbar}$$

$$\approx 5\ \mathrm{Mio.\ at}$$

VI Wärmeenergie: Beim Eindrücken der Gesteinsoberfläche unter dem Druck p wird ein beliebiger Raum R im unmittelbaren Aufschlagsbereich zu R' verkleinert (Abb. 33). Dabei wird die Arbeit W = p(R-R') geleistet und dem zusammengedrückten Gestein als innere Energie U zugeführt. Nach dem Energiesatz gilt:

$\delta Q + \delta W = \delta U$ **(15)**

wobei δQ von außen zugeführte Wärme ist. Die Zunahme der inneren Energie kann ebenfalls als $\delta Q + \delta W$ geschrieben werden:

$$\underbrace{\delta Q(a) + \delta W(a)}_{\text{Energiezufuhr}} = \underbrace{\delta Q(i) + \delta W(i)}_{\text{innere Energie}}$$

Von außen wird keine Wärme zugeführt - der Meteorit ist insgesamt eher kalt. Die Energiezufuhr besteht also nur aus $\delta W(a) = p(R\text{-}R')$. Sie führt im Innern zur Erhöhung der Wärmeenergie um $\delta Q(i)$ und der potentiellen (Rückfederungs-) Energie um $\delta W(i)$, wobei ...

$\delta Q(i) = p(R\text{-}R')/2$ **(16)**

Das ist die 3. Hugoniot-Gleichung, die aus dem Gesetz der Energieerhaltung folgt.
Nach Abb. 33 gilt für die Volumenänderung:

$R/(R\text{-}R') = v_s/v_n$ und ...

$R\text{-}R' = R \cdot v_n/v_s$ **(17)**

Also ist die zugeführte Wärme:

$\delta Q(i) = p \cdot R \cdot v_n/2v_s$ **(18)**

Das Ergebnis erhält man durch Einsetzen der Werte und Annahme eines beliebigen Volumens oder eleganter durch Einsetzen der Gleichung 14. Dann wird:

$\delta Q(i) = m \cdot v_n^2/2$ **(19)**

Diese Gleichung hat wieder die Form von Gl. 1: $E_{kin} = m\, v^2/2$.

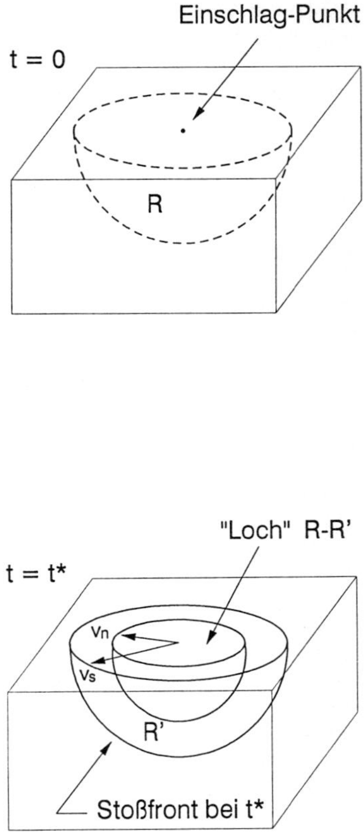

Abb. 34 Verdichtung des Gesteins bei Ende des Einschlags.

Mit dem Werten für v_n (Gl. 4) erhält man die Erhöhung der Wärmeenergie im Einschlagbereich je Kilogramm nach Durchlauf der Stoßwelle:
$\delta Q(i) = 55{,}4$ MJoule/kg.
Die Temperaturerhöhung kann hieraus auf 20000 K geschätzt werden. Eine exakte Ableitung ist nicht so einfach, da die erhitzte Materie schlagartig ihren Zustand von fest nach gasförmig ändert.

VII a Einschlagende und Explosion: Nach der Zeit $t^* = 0{,}043$ s würde die Stoßwelle die Rückseite eines kugelförmigen Meteoriten erreichen. Zu diesem Zeitpunkt ist noch ein mit Nachströmgeschwindigkeit komprimierter Rest vorhanden, dessen Rückfederungsenergie zur Explosion führt.

VII b Rückfederung: Solange noch ein unverformter Rest des Meteoriten vorhanden ist und sich mit Einschlaggeschwindigkeit nach unten bewegt, wird das darunterliegende Gestein weiter eingedrückt und verdampft. Sobald dieser Druck nach vollständigem Verbrauch des Meteoriten verschwindet, wird die Rückfederungsenergie der komprimierten Materie frei.
Für die Rückfederungsenergie gilt nach Gl. 15 und 16:

$$E_{pot} = p(R-R')/2 \qquad \textbf{(20)}$$

Komprimiert ist in diesem Moment, bei $t^* = 0{,}043$ s, ein etwa halbschalenförmiger Raum R' mit der Schalendicke $t^*(v_s - v_n)$ und einem "Loch" R-R' mit dem Radius $t^* \cdot v_n$ (Abb. 34). Damit ist:

$$R - R' = \frac{2}{3}\pi \cdot t^{*3} \cdot v_n^3 \qquad \textbf{(21)}$$

Aus Gl. 13 und 21 folgt die Energie, mit der der komprimierte Raum explodiert:

$$E_{pot} = \frac{1}{9}\pi \cdot \rho(G) \cdot t^{*3} \cdot v_s \cdot v_n^4 \qquad \textbf{(22)}$$

Es ergibt sich ein Wert von $1{,}64 \cdot 10^{13}$ MJ. Nach dem Beispiel unter **II** kommt diese Energie etwa 20.000 Atombombenexplosionen gleich.
Diese Explosion führt zum zentralen Auswurf.

VIII Strahlstrom: Bei kleinen Winkeln zwischen Meteorit und Erdoberfläche wird der nach dem ersten Kontakt entstandene Dampf als Strahlstrom ausgequetscht. Dessen Geschwindigkeit kann die des Meteoriten weit übersteigen. Der Grund ist darin zu suchen, daß sich ein rißartig kleiner Winkel beim Kontakt schneller schließt, als sich der Meteorit bewegt: Während der Meteorit durch Materialdeformation die Strecke h zurücklegt, rast der Rand der Kontaktfläche um die Strecke b nach außen (siehe Abb. 35). Die maximale Geschwindigkeit v_j wäre bei Nichtbeachtung von Massenträgheit und räumlichen Effekten:

$$v_j = v_e \cdot b/h \qquad \textbf{(23)}$$

Der weitere Ablauf ist ohne zusätzliche Annahmen nicht berechenbar. Der betreffende Teil der obigen Schilderung beruht daher auf allgemeinen Vorstellungen.

Lit.: HUGONIOT 1887, DAVID 1976, MELOSH 1989.

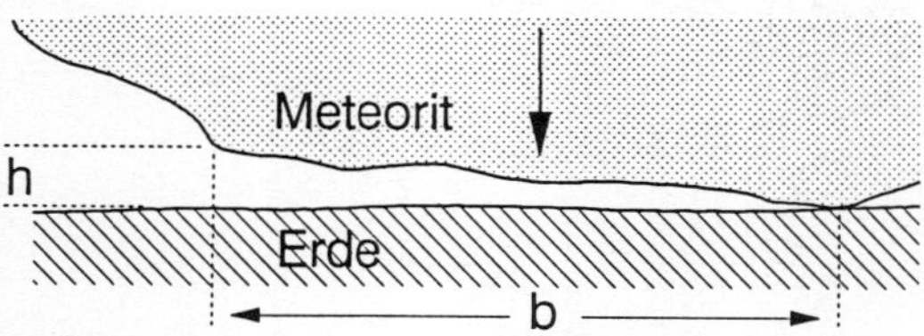

Abb. 35 Zur Entstehung des Strahlstroms.

Riesgeschichte

Der Kratersee

➔ Exkursionshinweise: Adlersberg (S. 114-4), Wallersteiner Felsen (S. 114-5), Goldberg (S. 121-25), Büschelberg (S. 116-8).

Seit dem Einschlag im mittleren Miozän sind nahezu 15 Jahrmillionen vergangen. Die Geschichte dieser langen Zeit ist nur zum kleinen Teil in den jüngeren Gesteinen des Ries und seiner Umgebung aufgezeichnet und nur zum kleinen Teil ist die Aufzeichnung gelesen worden.

Mittelmiozän. Vielleicht schon innerhalb von Jahrzehnten nach dem Einschlag füllte sich der Krater mit Regen, mit Oberflächen- (?) und Grundwasser und verwandelte sich in einen See. Dies bezeugen die

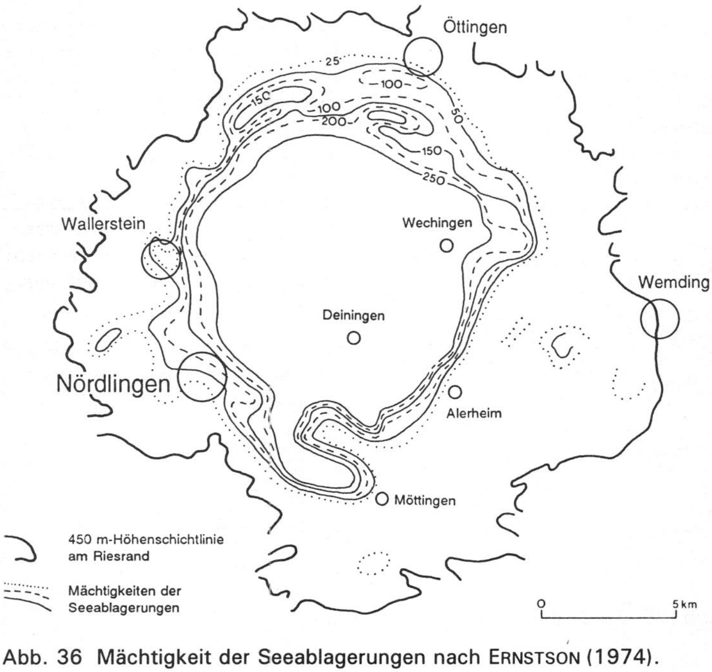

Abb. 36 Mächtigkeit der Seeablagerungen nach ERNSTSON (1974).

bis zu 400 m dicken Ton- und Mergelablagerungen, die heute die Riesebene ausmachen, sowie kalkig-sandige Deltaablagerungen am nordöstlichen Riesrand, das Delta von Trendel (BOLTEN & MÜLLER 1969, S. 107-108). Mit dem steigenden Wasserspiegel wuchsen Algenriffe an den Rändern und auf den Hügeln des Beckeninneren. Die Hügel sind die Spitzen der aus dem Seeschlamm ragenden Schollen des Kristallinen Rings, wie zum Beispiel der Wallerstein und der Wennenberg. Sie tragen meist Kappen aus Seekreide und Algenkalk. Hauptriffbildner war die Grünalge *Cladophorites incrustatus*, sowie Blaugrünalgen. Die Oberkanten der Kalkriffe markieren ehemalige Wasserspiegelhöhen. So zeigt die Kalktafel des Goldbergs eine typisch ebene Riff-Oberfläche mit maximal 514 m Höhe, während der dazu gleichzeitige Horizont des Seebodens nach einem Modell von WOLFF & FÜCHTBAUER (1976) bei rund 327 m liegt. Der Riessee dürfte zur Zeit seiner größten Ausdehnung etwa 170 m tief und 320 km² groß gewesen sein. Zum Vergleich einige Seen des Voralpenlandes (Tab. 4 unten, Abb. 42, S. 94):

Tab. 4 Seen des Alpenvorlandes verglichen mit dem Riessee.

	Fläche	Tiefe bis ...
Bodensee	538 km²	252 m
Neusiedler See	330 km²	3 m
Riessee	**320 km²**	**170 m**
Neuenburger See	218 km²	153 m
Chiemsee	80 km²	74 m

Der wachsende See wurde ziemlich bald von Pflanzen und Tieren aus den nahegelegenen Niederungen des Ur-Donautales besiedelt, wobei eine zunehmende Versalzung spezielle Anpassungen erforderte und zu einer artenarmen Lebewelt führte. Die Seekreide am Rand der Kalkriffe enthält massenhaft Schalen der kleinen Wasserschnecke *Hydrobia trochulus* und des Muschelkrebses *"Cypris risgoviensis"*[1]. Größere Fossilien finden sich jedoch nur spärlich, so zum Beispiel Abdrücke von Enteneiern und Federn. Mit abnehmendem Grundwasserspiegel dürfte das Seewasser in den Klüften des den Krater umgebenden Malmkalks unterirdisch abgeflossen sein, da zunächst kein oberirdischer Abfluß vorhanden war.

[1] nach heutiger Auffassung nicht *Cypris*, genaue Zuordnung noch unbekannt.

Flußgeschichte

Mittelmiozän. Gleichzeitig mit dem Riessee bildete sich im 10 km östlich verlaufenden Ur-Altmühltal und in einigen Seitentälern ein Stausee, weil das Tal von den Auswurfmassen streckenweise verschüttet worden war. Von diesem "Rezat-Altmühl-Stausee" zeugen heute noch die Süßwasserkalke vom Bühl südlich Georgensgmünd bei Weißenburg. Darin fand man Leitfossilien des frühen Altpleistozäns, unter anderem das Urpferd *Hipparion*. Das heißt also, daß der See mindestens bis ins Altpleistozän bestand.
Die Ur-Altmühl vereinigte sich vor Treuchtlingen mit dem donauwärts fließenden Ur-Main. Verschiedene nach Süden gerichtete Läufe des Ur-Mains sind bis ins Ältestpleistozän belegt (TILLMANNS 1978), so daß Ur-Main und Ur-Altmühl den Damm aus Riestrümmermassen bald wieder überstiegen haben müssen. Erst im Ältestpleistozän schloß sich der Main dem Rhein-System an. Der Mittellauf eines jüngeren Ur-Maintals ist das heutige Rednitztal, während der alte Unterlauf von der Altmühl ausgegraben wurde und bis heute von ihr benutzt wird. Ihr eigener Unterlauf benutzt seit der Rißeiszeit ein Stück des alten Donautals.

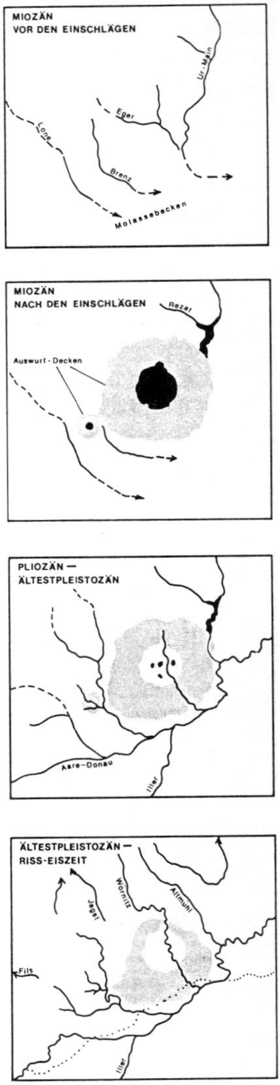

Abb. 37 Die Entwicklung des heutigen Flußsystems. Heutiger Lauf der Donau punktiert.

Da man in der Lage ist, das Riesereignis zu datieren (Suevit*, S. 48), stellen die verschütteten Täler und die plombierten Landoberflächen gute Zeitmarken für die

Landschaftsgeschichte dar (vgl. Buchberggerölle, S. 40, Bunte Brekzie im Lauchheimer Tunnel, S. 53).

LEMCKE (1984, S. 386) bringt die Rieskatastrophe sogar mit dem gleichzeitigen Ende der Sand- und Geröllschüttung (Obere Süßwassermolasse) des Ostalpenflusses Enns zum Molassebecken* in Zusammenhang. Als direkte Ursache vermutet er einen Bergsturz ins Ur-Ennstal unterhalb von Liezen, der von den Ries-Erdbeben ausgelöst worden sein soll, der den Fluß staute und zum Grazer Becken ablenkte (vgl. Abb. 32, S. 69).
Die Vermutung LEMCKES kann nur zutreffen, wenn der Bergsturz ein höheres Hindernis darstellte, als es der Paß zwischen Ur-Ennstal und Grazer Becken war. Man denke aber daran, daß die Alpen im Jungtertiär noch nicht so weit herausgehoben waren wie heute.

Noch vor Ausgang des Badeniums* wurde der See zum Moor. Die Wörnitz hatte sich von der Donau aus rückwärts ins Gestein der Alb gefressen und "zielsicher" den See, die Quelle ihrer bislang unterirdischen Zuflüsse erreicht, dessen Spiegel mit der Durchnagung der Uferfelsen von da an immer mehr sank. Das Moor ist in Form von kleinen Braunkohlevorkommen überliefert, z.B. bei Wildbad Wemding.

Obermiozän - Pliozän. Über das jüngste Tertiär ist kein geologischer Bericht vorhanden; es ist aber klar, daß nach einer Zeit, in der sich Ablagerung und Abtragung die Waage gehalten hatten, die bis heute andauernde, zögernde Ausräumung des Seebodens begann.

Quartär. Während der Zwischeneiszeiten des mittleren und jüngeren Quartärs wurde kalkhaltiger Tonstaub aus den vom Eis verlassenen Moränengebieten des Alpenvorlandes ausgeweht und in den windgeschützten Tiefländern als Lößdecke abgesetzt. So auch im Ries, wo der Lößboden heute die Grundlage der dichten Besiedlung ist.
Während der Eiszeiten lag das Rieser Land zwar unweit des Eisrandes (besonders nahe kam das Eis während des Höchststandes der Rißeiszeit), doch war es wohl nie vergletschert, wie einst von DEFFNER angenommen worden war, der die Striemung als Gletscherschliff deutete (Gletschertheorie S. 42, Striemung S. 59).

Menschen kommen ins Ries

Die Altsteinzeit

➔ Exkursionshinweis: Ofnethöhlen bei Holheim (S. 120-24).

Während der letzten Eiszeit wanderte der Neandertaler* (von Südosten?) nach Mitteleuropa ein. Seine Werkzeuge, Waffen und sterblichen Reste wurden in vielen der trockenen, alten Höhlen Deutschlands gefunden, z.B. der erste Fund überhaupt im Neandertal bei Düsseldorf. Reste des Neandertalers sind inzwischen aus allen Teilen des damals eisfreien Europa und aus dem Nahen Osten bekannt; wiederum sind es großenteils Höhlenfunde. Damit ist allerdings nicht gesagt, daß der Neandertaler ein Höhlenmensch war - er bewohnte und nutzte die Höhlen wohl nur zeitweise. Doch nur dort blieb uns seine Hinterlassenschaft erhalten.
Ein Hauptwanderweg der Neandertaler war donauaufwärts gerichtet. Vom Donautal aus zogen sie die Nebentäler hinauf und kamen so auch ins Ries. An seinem Südwestrand, in den Ofnethöhlen, wurden die Zeugen ihrer Anwesenheit in Form von Steinwerkzeugen ausgegraben (FRICKHINGER 1939). Die Funde befinden sich heute im Stadtmuseum Nördlingen.

Die weitere Besiedlungsgeschichte während der Würmeiszeit spielte sich sicher ähnlich ab, wie im Umland. Um 35000 Jahre vor heute wanderte der Cro Magnon-Mensch* nach Mitteleuropa ein. Seine Kultur löste die des Neandertalers ab. Die jüngste Stufe der Cro Magnon-Kultur, das Magdalénien, ist wiederum in den Ofnethöhlen und im nahe gelegenen Hohlenstein südlich Ederheim nachgewiesen. Ein weiterer Fundpunkt im Ries liegt am Kaufertsberg bei Lierheim an der Eger (ADAM 1982).

Die mittlere Steinzeit

Die spektakulärsten Funde aus den Ofnethöhlen sind die Reste von über 30 Menschenschädeln, die in Rötel gebettet bestattet worden waren. Der Rötel als weitverbreitete, natürliche Mineralfarbe hatte in der Steinzeit eine kultisch-magische Funktion. Als Grabbeigaben lagen Halsketten mit durchbohrten Hirschgrandeln (= Eckzähnen) neben den Schädeln (SCHMIDT 1912). Dieses Schädelgrab wird heute als mittelsteinzeitlich angesehen.

Die Jungsteinzeit

➔ Exkursionshinweise: Goldberg (S. 121-25), Goldbergmuseum (S. 121-26).

Unter den jungsteinzeitlichen Fundplätzen ist in erster Linie der Goldberg zu nennen (BERSU 1936, 1937). Als großes Algenriff des ehemaligen Riessees liegt er am Westrand des Beckens zwischen Nördlingen und Bopfingen. Nach drei Seiten fällt er steil zur Riesebene ab und ist nur im Westen durch einen schmalen Rücken mit den Hügeln des Beckenrandes verbunden. Oben trägt er eine ebene, nur schwach nach Nordost abfallende Hochfläche. Somit stellt er eine natürliche Burg dar - ein idealer Siedlungsplatz für schwierige Zeiten.

Die Besiedlung des Goldbergs beginnt im 4. Jahrtausend v. Chr. (mittlere Jungsteinzeit) mit einem Dorf aus mindestens 20 Häusern, das **Goldberg I** genannt wird. Es gehört zur Stufe der Rössener Kultur. Nach dem Grabungsbefund scheint es durch Feuer vernichtet worden zu sein.

Die nächste Überbauung - **Goldberg II** - erfolgte in der jüngeren Jungsteinzeit, als in Mitteleuropa die Michelsberger Kultur blüht. Das Dorf ist etwas größer als Goldberg I und hat gegen den Höhenrücken im Westen eine Befestigung mit Graben und Palisade. Auch dieses Dorf wurde durch Feuer zerstört.

Im 3. Jahrtausend, schon am Übergang zur Kupfersteinzeit, entsteht ein drittes Dorf. Eine neue Volksgruppe scheint zugewandert zu sein, da die **Goldberg III**-Haustypen wahrscheinlich jurtenartige und fellgedeckte Stangengerüste waren. Es handelt sich um eine Sondererscheinung, die sich keinem größeren Kulturkreis zuordnen läßt. Goldberg III wurde nicht zerstört, sondern verlassen.

Die Eisenzeit

Nach einer Unterbrechung von über 2000 Jahren wurde der Goldberg in der späten Hallstattzeit (= ältere europäische Eisenzeit) um 600 v. Chr. wieder neu besiedelt. Während die älteren Siedlungen aus lauter ähnlichen Häusern bestanden, sind die Häuser von **Goldberg IV** schon sehr differenziert: Es gibt bäuerliche Wohnhäuser, Ställe, Befestigungsbauten und einen Herrensitz mit besonders großen Häusern und eigener Umzäunung. Die baulichen Unterschiede bilden jetzt gesellschaftliche Unterschiede ab. Goldberg IV wurde wiederum durch Feuer vernichtet.

In der älteren La-Tène-Zeit (= jüngere europäische Eisenzeit, ab 450 v.Chr.) besteht für kurze Zeit eine als Fluchtburg gedeutete, befestigte Anlage auf der Hochfläche (**Goldberg V**).

Schließlich gibt es noch verschiedene Funde aus der suebischen, römischen und alamannischen Zeit des Ries, jedoch ohne Beleg für eine Besiedelung des Goldbergs. Die Menschen wohnten nun in der Riesebene selbst. Aus römischer Zeit sind z.B. die Grundmauern eines Gutshofes bei Utzmemmingen erhalten. Erst in fränkischer Zeit stand wieder eine kleines Dorf auf dem Berg. Das schönste ausgegrabene Stück, ein goldener Brakteat*, stammt daher.

Das Steinheimer Becken

Die Erforschung

Die Entstehung des Steinheimer Beckens war wie die des Ries lange ein Rätsel; die gegenseitige Verknüpfung wurde zunächst aber nicht gesehen.
Die ersten Überlegungen, zu Anfang des 19. Jahrhunderts, erklärten nur die Beckenform und das Vorhandensein junger Ablagerungen mit einem ehemaligen **Süßwassersee** (BOUÉ 1824).

40 Jahre später wird anläßlich der geognostischen* Aufnahme des Kartenblatts Heidenheim auch das Steinheimer Becken kartiert. Dabei fällt zum ersten Mal auf, daß in dem mitten im Becken gelegenen Hügel, fleckenhaft verteilt, ältere Gesteine auftauchen als an den Rändern des Beckens (JAKOB HILDENBRAND in: FRAAS, O. 1868). Die Erklärung wird in der Annahme gesucht, daß das Grundgebirge (S. 36 f), und also auch der ehemalige Meeresboden, hier besonders weit emporrage und daher die Schichten, ähnlich wie bei einem Riff, schon von Anfang an in höherer Lage abgesetzt wurden als in der Umgebung (**Sedimentationstheorie**, HILDENBRAND 1897, in KRANZ u.a. 1924).

Um die Jahrhundertwende geriet die Erforschung des Beckens - wegen der schon länger bekannten Übereinstimmungen mit dem Ries - in den Sog der schnell voranschreitenden Riesforschung. Für die Erklärung des Steinheimer Beckens brachte das jedoch nur Schwierigkeiten, denn das Ries wurde damals als Vulkan betrachtet - vulkanische Erscheinungen sind im Steinheimer Becken aber beim besten Willen nicht zu erkennen.

WILHELM BRANCO und EBERHARD FRAAS (1905) wendeten dann die im Ries aufgestellte **Lakkolithentheorie** auch hier an, wobei die obengenannten Schwierigkeiten dadurch umgangen wurden, daß das Becken "kryptovulkanisch", also versteckt vulkanisch, genannt wurde:

Die Abweichungen vom regelmäßigen Bau der Alb, die chaotische Gesteinslagerung, die beobachteten Druckwirkungen, so die Strahlenkalke und die zertrümmerten Fossilien, wurden einem im Untergrund verborgenen Lakkolithen* zugeschrieben.

Seitdem laufen die Erklärungsversuche zum Steinheimer Becken den wechselnden Ansichten über die Riesentstehung parallel (**Sprengungstheorie** usw., vgl. S. 42). OTTO STUTZER schloß 1936 das Steinheimer Becken in seine **Meteoritentheorie** mit ein. Nachdem diese für das Ries dann 1961 bewiesen war, suchten PAUL GROSCHOPF und WINFRIED REIFF durch 2 Tiefbohrungen (1971) dieselben Beweise auch in Steinheim - mit Erfolg!

Lit.: W.-E. REIF 1976, ADAM 1980

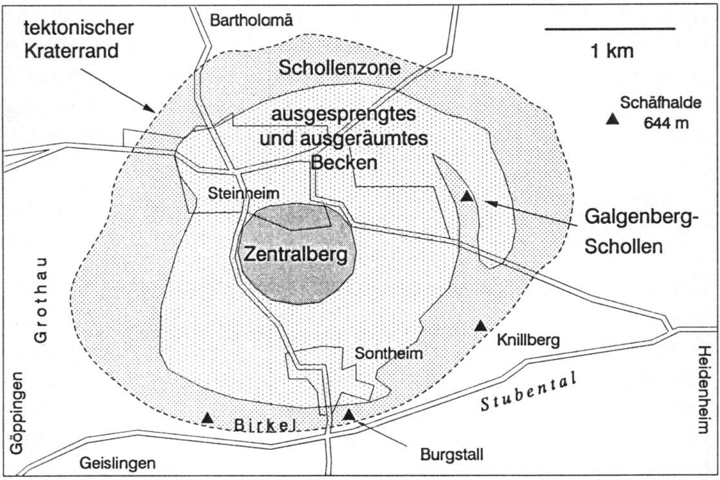

Abb. 38 Die Ringstrukturen des Steinheimer Beckens. Die Umrisse sind im einzelnen nicht genau bekannt, da die Strukturen zuerst von den Seeablagerungen verhüllt, dann durch Abtragung in unterschiedlichem Maß wieder freigelegt wurden.

Der Bau des Steinheimer Beckens

Was das Steinheimer Becken von seiner Umgebung unterscheidet, beruht auf verschiedenen Impakt-Erscheinungen. Man findet:

1. Ringstrukturen mit Zentralberg

Das Steinheimer Becken weist die für Meteoritenkrater typische, ringförmige Zonierung auf. Interessanterweise ist es aber anders gebaut als das Ries: In der Mitte, wo im Ries der innere Krater liegt (S. 44 u. Abb. 17, 18), steht hier ein Hügel. Wie bei vielen Mondkratern, gibt es hier also einen Zentralberg. Somit lassen sich auf eine Entfernung von 40 km zwei verschiedene Typen von Kratern studieren (für Süddeutschland ein echter Glücks-Fall!). Folgende Zonen gliedern das Becken:

- Zentralberg "Steinhirt", auch als Klosterberg bezeichnet ("Klosterberg" ist laut Karte nur die Ostseite des Steinhirt, wird aber oft für den ganzen Zentralberg gebraucht).
  Von der Mitte rd. 500 m im Umkreis.

- Das eigentliche Kraterbecken mit den Orten Steinheim und Sontheim zwischen dem Zentralkegel bei 500 m und dem inneren Kraterrand bei rund 1250 m.

- Die Schollenzone, ein Ring zertrümmerter und verschobener, aber nicht ausgeworfener Gesteine zwischen dem Beckenrand bei 1250 m und dem tektonischen* Kraterrand bei 1750 m.

(•) Eine Decke aus Auswurfmassen wie beim Ries konnte nicht nachgewiesen werden - lediglich am unmittelbaren Kraterrand sind Reste vorhanden. Die Auswurfmassen sind vermutlich verwittert und abgetragen und der Rest läßt sich von den Verwitterungsprodukten der in der Umgebung des Kraters normal anstehenden Gesteine nicht sicher unterscheiden, weil das ausgesprengte Material dem Anstehenden ähneln muß. Die Frage der Auswurfmassen bedarf noch der Klärung.

Unter den Ringstrukturen am auffälligsten ist das Becken selbst; einerseits durch die Geländevertiefung, andrerseits durch das auf der Schwäbischen Alb insuläre Vorkommen von jungtertiären Schichten darin.

Der Zentralberg

Im Kern des Steinheimer Zentralbergs kommen unterer Malm und Braunjura-Schichten an die Oberfläche (Abb. 40), die im Umland etwa 300 m tiefer liegen. Der Kern wird ringförmig von zertrümmertem Weißjurakalk umgeben. Der ganze Hügel war ehemals von Seeablagerungen umhüllt, die heute weitgehend abgetragen und abgebaut sind. Die an den Flanken vorhandenen Reste bedecken den Weißjura-Ring.

Wichtigste Erklärung für die Entstehung der Zentralberge in Meteoritenkratern ist das Zurückfedern der Kruste des betroffenen Planeten nach dem Einschlag. Zentralberge wären damit so etwas wie eine steingewordene Welle. Weil die Oberflächengesteine schon in den ersten Sekunden des Einschlags seitlich ausgeworfen werden, stellt sich nach dem Zurückfedern nicht der Ausgangszustand wieder her, sondern tiefere Gesteine gelangen in der Mitte des Kraters nach oben.

Zentralberge finden sich auf der Erde nur bei Kratern mittlerer Größe (2 - 6 km ∅). Das liegt zum Teil daran, daß bei großen Einschlägen auch das Gestein des zurückfedernden Kraterbodens so zertrümmert ist, daß die zur Oberfläche gelangten Massen keinen genügend stabilen Berg bilden können, weil sowohl seitlicher Halt als auch innerer Zusammenhalt fehlen. Sie zerfließen, werden zerstreut oder sogar ausgeworfen, wie das vom Kraterboden des Ries angenommen wird (Suevit, S. 48).

Oft wird der Kristalline Ring des Ries mit dem Zentralberg des Steinheimer Beckens verglichen, was aber mit den hier angeführten Deutungen beider Strukturen nicht genau übereinstimmt. Das, was nach dem Ries-Einschlag zurückfederte, ist der Suevit und der weitgehend unbekannte Boden des inneren Kraters. Der Kristalline Ring besteht dagegen aus nicht direkt getroffenen, schräg nach oben herausgeschobenen Schollen, die eher dem Rand des Zentralbergs vergleichbar sind. Dem Zentralberg entsprechen somit Kristalliner Ring und Innerer Rieskrater zusammen, die als seine strukturelle Weiterentwicklung zu sehen sind.

2. Impaktgesteine

Primäre Beckenbrekzie

(nach GROSCHOPF & REIFF 1969; von KRANZ u.a. schon 1924 Bunte Brekzie genannt).

➔ Exkursionshinweis: Schlecht aufgeschlossen. Verwitterte Stücke können östlich Sontheim auf dem SW-Abhang des Knillbergs gefunden werden.

Eine Brekzie*, die vor allem aus Kalken und Mergelsteinen des unteren und mittleren Malm besteht, daneben sind Dogger- und Liasanteile enthalten.
Die Primäre Beckenbrekzie füllt den Kraterboden unter den tertiären Seeablagerungen. Ihre Mächtigkeit beträgt nach Bohrungen bis 50 m.
Die harten Kalksteine in der Primären Beckenbrekzie weisen aufgrund ihrer Feinkörnigkeit häufig "Strahlen" (shatter cones) auf (s.u.). In Sandsteinanteilen kommen Quarzkörner mit planaren Elementen vor (S. 59). Die Schockmetamorphose* erreicht die Stufe I.

Sprengschollen

➔ Exkursionshinweis: Nordseite des Galgenbergs bei Steinheim (S. 123-33).

Als Sprengschollen werden zwei kleine Hügel betrachtet, die östlich von Steinheim zwischen innerem und tektonischem Kraterrand aus der Primären Beckenbrekzie und den Seeablagerungen ragen und als Galgenbergschollen bekannt sind. Im Steinheimer Krater nehmen sie eine Ausnahmestellung ein. Die Trümmergesteine des Beckenrandes müssen ebenfalls versetzt sein; ihr Versatz ist aber nicht so augenfällig, wie bei den Galgenbergschollen.

Verkieselte Kalkbrekzie

➔ Exkursionshinweis: Burgstall (S. 122-30)

Die Kalke der Beckenränder sind von der Druckwelle zwar nicht zerschmettert, aber doch am Ort brekziiert worden. In jedem Kubikmeter sind sie von hunderten kleiner Bewegungsflächen durchzogen und liegen nun als ein mit gelöstem Kalk verkittetes, kleinstückig griesähnliches Gestein vor. Die vielen Trennflächen begünstigen das Eindringen von Regenwasser und damit die Verwitterung.

Abb. 39 Zertrümmerter Jurakalk vom Burgstall bei Sontheim. Deutlich sichtbar ist der Aufbau aus Grundmasse und groben Bestandteilen.

Ein Teil der (sichtbaren) Verkieselung der Kalkbrekzie dürfte auf Lösung, Wanderung (Mobilisation) und Wiederausfällung von Kieselsäure entlang der Trennflächen zurückgehen. Die Kieselsäure war ursprünglich fein verteilt (latent) in den Weißjurakalken vorhanden und stammt überwiegend aus Skeletten von Schwämmen.

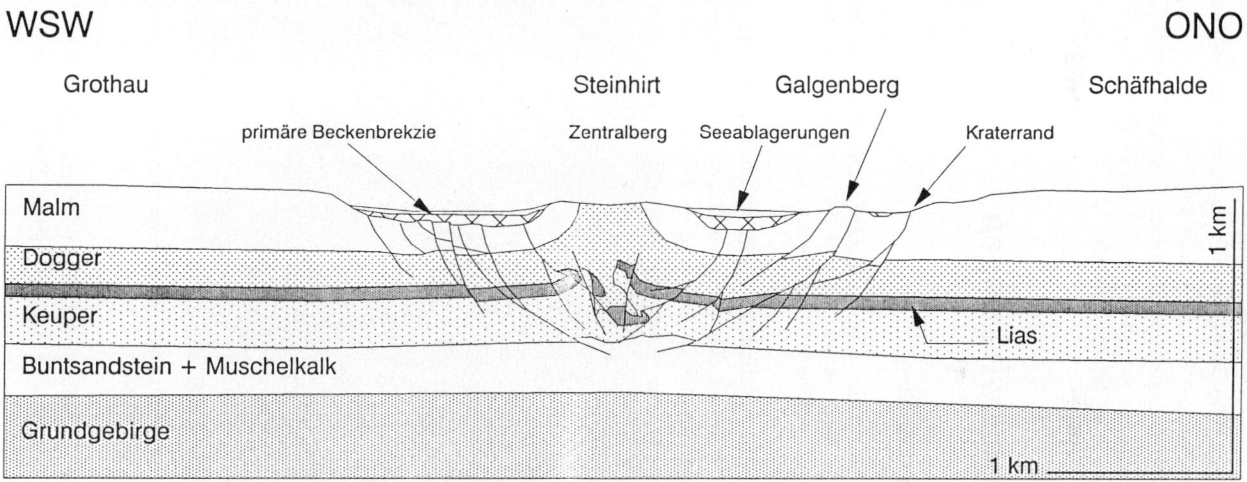

Abb. 40 Querschnitt durch das Steinheimer Becken, 1,5fach überhöht, schematisch.

Durch eine frühe Mobilisation tritt starke Verkieselung auch in der normalen Schichtfolge der Ostalb auf. Weißjura ε - ζ_1 sind hier als Hornstein*- und Feuersteinknollen führende Kieselkalke ausgebildet (zur Mobilisation siehe auch Aufschluß 28 (Beiberg), S. 121).
Stufe 0 der Schockmetamorphose.

3. Druckwirkungen

Strahlenkalke

Gesteine mit "shatter cones" (Strahlenkegeln). Die erste Beschreibung eines Strahlenkalks durch BRANCO & FRAAS 1905 stammt aus dem Steinheimer Becken. "shatter cones" bedeutet wörtlich Schmetterkegel.

Sie sind das berühmteste meteoritische Phänomen im Steinheimer Becken. Es sind büschelig-strahlige Oberflächen-Strukturen auf Kalksteinen mit ebensolchen inneren Trennflächen. Räumlich gesehen

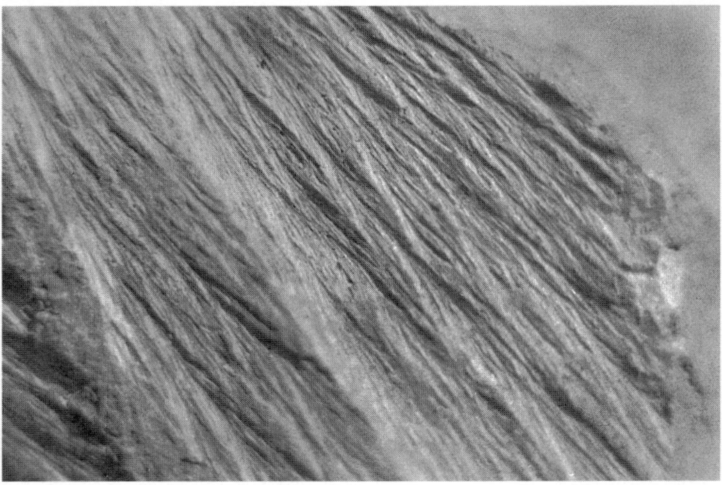

Abb. 41 Oberflächenskulptur eines Strahlenkalks vom Zentralberg des Steinheimer Beckens.

sitzen die "Strahlen" auf Kegelflächen. Diese Strukturen entstehen durch Druck oder Schlag und stellen Trennflächen dar, entlang derer

das betroffene Gestein dem Druck auszuweichen sucht (DAVID 1977, MILTON 1977). Für ihre Entstehung sind kurzzeitige Spitzendrücke in der Größe von 100000 Atmosphären nötig. Gut ausgebildete Strahlen finden sich meist nur in feinkörnigen Gesteinen, sind aber - entsprechend undeutlicher - z.B. auch von Graniten bekannt (Strahlengranit des Ries, S. 59).
Strahlenkalke sind Gemengteile der Primären Beckenbrekzie (s.o).

Durch Einmessen der "Strahlen" am Ort können die Kegelflächen rekonstruiert werden. Die Polarprojektion der Meßwerte auf dem Wulffschen Netz ergibt dann eine Punktwolke, in deren Zentrum die Kegelachse liegt, die grundsätzlich der Druckrichtung entgegenweist.
An der über 250 Mio. Jahre alten Ringstruktur **Vredefort Dom** in Südafrika konnte mit dieser Methode der Einschlagort festgestellt werden: Die Strahlenkegel wiesen nicht einfach auf die Mitte der Ringstruktur, sondern auf einen Punkt, der um Kilometer über der heutigen Landoberfläche liegt. Daraus war zu schließen, daß der Krater schon sehr tief abgetragen ist und die heutige Oberfläche dem Gestein unter dem Boden des ehemaligen Kraters entspricht (MANSON 1965). Das Problem liegt aber in Wirklichkeit mindestens so komplex wie im Ries; völlig andere Erklärungen bezüglich Geschichte und Alter der Struktur gibt z.B. MARTINI 1978.

Zerbrochene Fossilien

Jurafossilien vom Steinhirt und den Beckenrändern sind häufig zerbrochen. Versetzungsbeträge stufig zerlegter Belemniten und Ammoniten sind Marken für die von den Stoßwellen ausgelösten Scherbewegungen im Gestein.

Ein "kleiner Bruder" des Riesmeteoriten?

Die oben beschriebenen Phänomene deuten auch hier auf einen Meteoriteneinschlag als Ursache hin. Die Datierung der Kraterfüllung ergibt wie beim Ries mittleres Miozän, also 14 - 15 Mio. Jahre.

Angesichts der Seltenheit von Meteoritenkratern auf der Erde muß man annehmen, daß der auf dem Albuch eingeschlagene Meteorit in irgendeinem Bezug zum Riesmeteoriten steht. Möglich ist, daß es zwei Brocken aus einem Meteorstrom waren, die nebeneinander her flogen (über Meteorströme s. S. 17 f und Tab. 2, S. 19). Auch ein "alter", nach vielen Flügen durchs innere Sonnensystem auseinandergefallener Komet kommt in Frage.

In diesem Zusammenhang wird es sehr wahrscheinlich, daß noch weitere, kleinere Meteorite in der Nähe niedergegangen sind - unabhängig davon, ob nun die RUTTEsche These bezüglich der Rundstrukturen auf der Fränkischen Alb stimmt oder nicht (vgl. S. 46).

➔ S. 94

Ein tertiärer Meteoriteneinschlag am Bodensee?

Ernst zu nehmen sind auch Hinweise auf den Einschlag eines Großmeteoriten im ostschweizerischen Alpenvorland bei St. Gallen: Bei Gossau und Bernhardzell an der Sitter liegen in der Oberen Süßwassermolasse 5 - 25 cm große, eckige Brocken von Malmkalk und andere Exoten, z.B. Gesteine, die als Stubensandstein angesprochen werden können, sowie Gerölle aus der Oberen Meeresmolasse.

Der Malmkalk liegt in schwäbischer Fazies vor und ist offenbar kein Schutt aus dem Malm der Glarner Alpen (Quintnerkalk). Malm in schwäbischer Fazies liegt in der östlichen Bodenseeregion rund 2000 m tief, die Obere Meeresmolasse immerhin 1000 m. Wie konnten die Brocken während des Miozäns in die Lage kommen, in der sie gefunden wurden? Ähnlich wie bei den Reuterschen Blöcken (S. 55) ist Flußtransport wegen der mangelnden Kornrundung ausgeschlossen. Dazu kommt, daß auch einwandfreie Strahlenkalke gefunden wurden.

HOFMANN (1978) vermutet deswegen einen, möglicherweise sogar mit den Einschlägen von Steinheim und Ries gleichzeitigen, Impakt in der Gegend von

Romanshorn, der die Molasse von ihrer damaligen Oberfläche an vollkommen durchschlagen hat und auch den unterlagernden Malm. Erst in den Triasschichten soll der Impakt sein Ende gefunden haben.
Weil an der Oberfläche heute nichts mehr zu sehen ist, der Krater in den Molassesanden wohl auch nicht erhaltungsfähig war, könnte diese Theorie nur nachgewiesen werden, wenn einmal ein gutes seismisches oder durch Bohrungen gewonnenes Bild des Molasseuntergrunds vorliegt, oder auch, wenn die Lagerung der tieferen Molasse selbst bekannt ist. Ein Einschlag von diesem Ausmaß müßte die Lagerung sehr deutlich stören.

Modell des Impakts

Ein Modell des Steinheimer Impakts stammt von ERNSTSON (1984). Schweremessungen ergaben ein fast kreisförmiges Schwere-Tief mit Zentrum über dem Steinheimer Becken, jedoch von etwas größerem Umfang. Die maximale Anomalie betrug -2 mgal. Das Massendefizit der Umgebung zeigt also auch dort eine Auflockerung des Untergrunds an. Das rührt daher, daß sich die Stoßwellen ± kontinuierlich ausbreiten, ein Krater sich aber nur dort bildet, wo die aufgeprägte Startbeschleunigung groß genug ist, um die Gesteinsmassen auszuwerfen. Das Massendefizit wurde auf 500 Mio. Tonnen berechnet.
Die Einschlagenergie wird auf rund $3 \cdot 10^{17}$ Joule - $3 \cdot 10^{18}$ Joule, grob 1/100 der Energie des Riesimpakts geschätzt. Daraus ergeben sich unter Voraussetzung der "Verwandtschaft" der beiden Körper Masse und Rauminhalt des Steinheimer Meteoriten ebenfalls als 1/100 des Riesmeteoriten. Der Durchmesser des Steinheimer Meteoriten liegt dann bei 1/5, also rund 140 m (vgl. Abschnitt "Physik des Einschlags", S. 70). Verwandtschaft bedeutet in Hinblick auf den Zusammenhang von Energie, Masse und Rauminhalt also gleiche Zusammensetzung (Dichte) sowie gleiche Flugrichtung und gleiche Geschwindigkeit beider Meteoriten.

Der Steinheimer Kratersee

Nach dem Einschlag füllte sich der Krater mit Grundwasser und es entstand der miozänzeitliche Steinheimer Kratersee. Dieser Vorgang ist allerdings nicht selbstverständlich: Da der Krater ganz im klüftigen Kalkgebirge angelegt ist, muß entweder eine Abdichtung vorhanden gewesen sein oder der Krater von vornherein weitgehend unter dem Grundwasserspiegel gelegen haben. Die letztere Möglichkeit stimmt gut mit den Vorstellungen der damaligen Geographie überein.

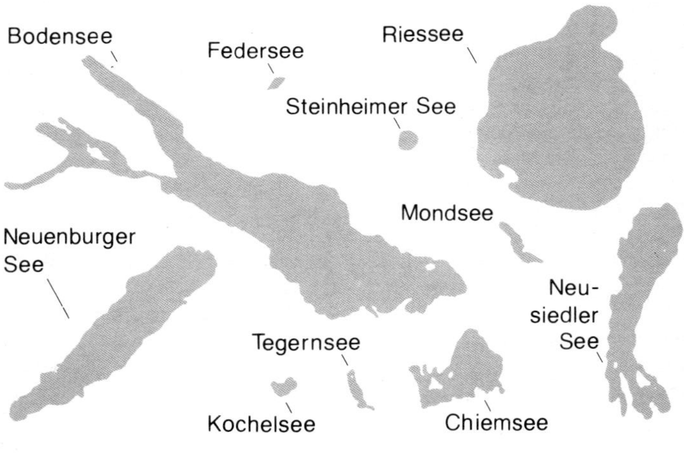

Abb. 42 Vergleich der ehemaligen Kraterseen mit heutigen Seen des Alpenvorlandes.

Am Zentralberg und an den Abhängen des Beckenrandes saßen Algenriffe, die heute weitgehend abgebaut sind. Die erhaltenen Ablagerungen im Becken selbst haben eine Mächtigkeit von 30 m - 40 m. Sie scheinen zeitlich einige zehntausend Jahre später einzusetzen, als im Riessee (Reiff 1992). Aus der Fülle der in den kreidigen Schlämmen und Sanden bewahrten Fossilien muß man schließen, daß der See als Lebensraum und als Tränke große Anziehungskraft für die Tierwelt und als Standort große Bedeutung für die Pflanzenwelt hatte ("Oase" Steinheimer Kratersee). Im Vergleich zum Riessee müssen aber auch die Bedingungen zur Erhaltung der Fossilien besser gewesen sein, denn der flächenmäßig über hundert mal kleinere

Steinheimer Kratersee hat sehr viel mehr Funde "geliefert" und ist seit langem eine weltbekannte Fossilfundstätte.
Der Steinheimer See verschwand noch während des Miozäns. Seine allmähliche Versalzung und stufenweise Austrocknung ist in den Ablagerungen überliefert. Z.B. gibt es mehrere Schichten, die ein Fischsterben dokumentieren, außerdem Ablagerungen, die Trockenrisse aufweisen. Auch der Zentralberg muß mehrmals als Insel im See aufgetaucht sein.

Tab. 5 Seen des Alpenvorlandes verglichen mit dem Steinheimer See.

	Fläche	Tiefe bis ...
Mondsee	14,2 km²	68 m
Tegernsee	8,9 km²	72 m
Steinheimer See	**6,5 km²**	**55 m**
Kochelsee	5,9 km²	66 m
Federsee	1,4 km²	3 m

Der Schneckensand

➔ Exkursionshinweis: Klopfplatz über der Pharionschen Sandgrube (S. 122-Zentralberg).

Beschreibung und Verwendung: Ein weißer bis hellbrauner Kalksand, in dem Kalkstein in Konkretionen (rundlichen Zusammenballungen), in kleinen Algenriffen und bankig als Seekreide vorkommt. Er wurde bis in die Nachkriegszeit als Baustoff, früher auch als Feg- und Scheuersand abgebaut.

Belege für die Evolutionstheorie: Der Schneckensand verdankt seinen Namen vor allem den Schalen von *Gyraulus*, einer Gattung von Süßwasserschnecken, die in den Kalksanden millionenfach vorkommt und mit der noch heute in jedem Tümpel lebenden Posthornschnecke verwandt ist. In den Sanden kann man von den älteren zu den jüngeren Schichten eine allmähliche Veränderung ihrer Gehäuseform erkennen (HILGENDORF 1867, MENSINK 1967), die als Übergang von Art zu Art gedeutet wird. Dieser Befund kam im Jahr 1867 gerade richtig, nachdem der Biologe DARWIN wenige Jahre zuvor, nämlich 1859, seine These über die Entstehung der Arten veröffentlicht hatte.

Zunächst war das Steinheimer Becken die einzige Fundstelle, an der die Abstammungstheorie belegt werden konnte. Inzwischen wurden auch andere Belege gefunden, z.B. die Entwicklungsreihe des Pferdes (und des Menschen!), und sowohl die Abstammungstheorie als auch die Ideen HILGENDORFS haben Änderungen hinnehmen müssen. Die Stammbäume sind mit zunehmendem Kenntnisstand allgemein komplizierter und weniger geradlinig geworden. Und einige von HILGENDORFS Steinheimer Schnecken-"Arten" werden heute als Rassen oder Anpassungsformen an den zu- und abnehmenden Salzgehalt im See aufgefaßt. Doch sind die Steinheimer Schnecken bis heute ein Prüfstein für die Abstammungstheorie geblieben.

Wirbeltierfunde: Die Schneckensande gaben zahlreiche Wirbeltierreste frei: Fische, Frösche, Schlangen, Schildkröten, Krokodile, Eidechsen, Wasservögel und vielerlei Säugetiere wurden gefunden, woraus ein gut begründetes Bild des Lebens und des Klimas des süddeutschen Miozän zusammengesetzt werden konnte. Der afrikanisch anmutenden Tier- und Pflanzenwelt nach, muß es damals auf der Alb wesentlich wärmer gewesen sein als heute, obwohl sich die damalige Lage der eurasischen Platte nur wenig von ihrer jetzigen Lage unterschied. Die Umgebung der Steinheimer Oase dürfte Steppencharakter gehabt haben.
Besonders interessant sind die Säugetiere, unter denen der berühmte Gabelhirsch geradezu das Symbol des Steinheimer Tierlebens geworden ist. Dazu kommen Zwerghirsch, Urpferd, giraffenartige Tiere, Nashorn, das elefantenähnliche Mastodon, Pfeifhase, Schweine und verschiedene Raubtiere. Wegen ihrer Häufigkeit und den dadurch gegebenen Vergleichsmöglichkeiten haben die Kleinsäuger besondere wissenschaftliche Bedeutung. Unter anderen wurden Hamster, Maulwürfe, Igel, Spitzmäuse und Fledermäuse gefunden.
Ein Großteil der Funde stammt aus Kalksandgruben am Zentralberg, insbesondere aus der Pharionschen Sandgrube am Westhang. Sie befinden sich zum Teil im Sontheimer Meteorkrater-Museum, zum Teil im Staatlichen Museum für Naturkunde in Stuttgart.

Literatur

■ Tip für Hobby-Wissenschaftler: Zur Auffindung der Originalliteratur wird empfohlen, sich an die nächstgelegene Universitätsbibliothek zu wenden. Die angegebenen Zitate können dort entschlüsselt werden; die Arbeiten sind dort entweder direkt einsehbar oder können bestellt werden.

Literatur zu Teil 1 - Die Meteorite

ALVAREZ, L.W., ALVAREZ, W., ASARO, F. & MICHEL, H. (1979): Extraterrestrial cause for the cretaceous-tertiary extinction: Experiment and theory. Lawrence Berkeley Laboratory, Report No. **9666**, Berkeley/USA.

ALVAREZ, L.W., ALVAREZ, W., ASARO, F. & MICHEL, H.V. (1980): Extraterrestrial cause for the cretaceous-tertiary extinction. Science **208/4448**, 1095-1108, Amer. Ass. Advancement Sci., Washington.

ALVAREZ, W., SMIT, J., LOWRIE, W., ASARO, F., MARGOLIS, S., CLAEYS, P., KASTNER, M. & HILDEBRAND, A. (1992): Proximal impact deposits at the Cretaceous-Tertiary boundary in the Gulf of Mexico: A restudy of DSDP Leg 77 sites 536 and 540. Geology **20/8**, 697-700, 3 Abb., 1 Tab., Boulder/USA.

BOSCHKE, F.L. (1965): Erde von anderen Sternen. 347 S., Econ, Düsseldorf, Wien.

BRANT, SEBASTIAN (1492): Von dem donnerstein gefalle im XCII iar vor Ensishein. Flugblatt. Basel.

CEPLECHA, Z. (1992): Influx of interplanetary bodies onto earth. Astron. Astrophys. **263**, 361-366, 6 Abb., 3 Tab., Heidelberg.

CHLADNI, E.F.F. (1794): Über den Ursprung der von Pallas gefundenen und anderer, aber ähnlicher Eisenmassen und damit in Verbindung stehenden Naturerscheinungen. Riga. <Neu erschienen in:> D. GOETZ (Hrsg.) (1982): E.F.F. CHLADNI: Über den kosmischen Ursprung der Meteorite und Feuerkugeln (1794). Ostwalds Klassiker der exakten Wissenschaften **258**, mit Erläuterungen von G. HOPPE, 2. Aufl., Akademische Verlagsges., Leipzig.

EUGSTER, O. (1989): History of meteorites from the moon collected in Antarctica. Science **245**, 1197-1202, Washington.

FESEJENKOW, V.G. & KRINOW, E.L. (1960): [Neues vom Tunguska-Meteoriten]. Vestnik Akademii Nauk SSSR **1960/12**, 32-35, 1 Karte, 2 Abb., Leningrad (russisch).

GROß, W. (1928): Auffindung des tungusischen Riesenmeteors vom 30. Juni 1908. Petermanns Geogr. Mitt. **74. Jg**., 338-341, Gotha. Nach: KULIK, L.A. [Krasnojarsker Arbeiterzeitung], 9.8.1927. Übersetzt von C. GROß.

GREENBERG, J.M. (1984): Aufbau und Entwicklung von interstellaren Staubkörnern. Spektrum d. Wiss. **1984/8**, 80-91, 11 Abb., Heidelberg.

HEITZ, P. (1915): Flugblätter des Sebastian Brant. Straßburg.

HILLS, J. & GODA, M. (1993): The fragmentation of small asteroids in the atmosphere. Astron. J. **105/3**, 1114-1144, New York.

HOYLE, F. & WICKRAMASINGHE, C. (1979): Die Lebenswolke. Umschau, Frankfurt/Main. Übersetzung von: Lifecloud, London 1978.

KELLER, C. (1986): Chemie zwischen den Sternen. Naturwiss. Rundschau, **39. Jg.**, **10**, 438-442, Stuttgart.

KERR, R.A. (1987): Martian meteorites are arriving. Science **237**, 721-723, Washington.

[KRINOW, E.L. als:] KRINOV, E.L. (1966): Giant meteorites. 397 S., Pergamon, Oxford u.a.

KULIK, L.A. (1927): [Zur Geschichte des Boliden vom 30. Juni 1908. Zur Frage über die Stelle des Sturzes des tungusischen Meteoriten 1908. C. R. Acad. Sci. UdSSR], **Jg. 1927, 23**, 393-402, Leningrad (russisch).

--- (1933): [Vorläufige Ergebnisse der Meteoritexpeditionen 1921 bis 1931. Trudy Lomonossow Inst. Geochim. Kristallogr. Mineral. Akad. Sci.], **2. Liefg.**, 73-81, 9 Abb., Leningrad (russisch mit dt. Zusammenfassung).

LANE, F.W. (1952): Wenn die Elemente wüten. Orell Füßli, Zürich. Übersetzung von: The Elements Rage. Country Life, London.

MASON, B. (1962): Meteorites. 274 S., Wiley & Sons, New York, London.

NININGER, H.H. (1959): Out of the sky - an introduction to meteoritics. 1. Aufl., Dover Publ., New York.

O'KEEFE, J.A. (1980): The terminal eocene event: formation of a ring system around the earth? Nature **285**, 309-311, 2 Abb., London.

PETTERSSON, H. & ROTSCHI, H. (1952): The nickel content of deep-sea deposits. Geochim. Cosmochim. Acta **2**, 81-90, 4 Abb., 2 Tab., Oxford u.a.

SEKANINA, Z. (1983): The Tunguska event: no cometary signature in evidence. Astron. J. **88/9**, 1382-1414, 25 Abb., 11 Tab., New York.

SHARPTON, V., DALRYMPLE, G., MARÍN, L., RYDER, G., SCHURAYTZ, B. & URRUTIA-FUCAGAUCHI, J. (1992): New links between the Chicxulub impact structure and the Cretaceous/Tertiary boundary. Nature **359**, 819-821, 2 Abb., 2 Tab., London.

SHERGOTTY-CONSORTIUM (1986): Geochim. Cosmochim. Acta **50/6**, Oxford u.a.

SILVER, L.T. & SCHULTZ, P.H. (Hrsg.) (1982): Geological implications of impacts of large asteroids and comets on the earth. Geol. Soc. Am. Spec. Paper **190**, Boulder/USA.

TOLLMANN, A. & KRISTAN-TOLLMANN, E. (1992): Der Sintflut-Impakt. Mitt. österr. geol. Ges. **84**, 1-63, 9 Abb., 1 Tab., Wien.

WARD, H.A. (1902): Bacubirito or the great meteorite of Sinaloa, Mexico. Proceed. Rochester Acad. Sci. **4**, 67-74, Rochester/USA.

WASSON, J.T. (1974): Meteorites. Classification and properties. 316 S., Springer, Berlin, Heidelberg, New York.

Weitere empfehlenswerte Literatur zu Teil 1

HEIDE, F. (1988): Kleine Meteoritenkunde. 3. Aufl., bearbeitet von F. WLOTZKA, 188 S., 111 Abb., Springer, Berlin, Heidelberg, New York u.a.

KARTTUNEN, H., KRÖGER, P., OJA, H., POUTANEN, M. & DONNER, K.J. (Hrsg.) (1990): Astronomie. Eine Einführung. 512 S., 360 Abb., 45 Tab., Springer, Berlin, Heidelberg, New York u.a.

SIMON, W. (1974): Meteorite und ihre Wirkungen. Der Aufschluß **25**, 362-367, Heidelberg.

WOOD, J.A. (1984): Das Sonnensystem. 247 S., Enke, Stuttgart. Übersetzt und ergänzt von K. HILLER nach: The solar system. Prentice-Hall, New Jersey/USA 1979.

Literatur zu Teil 2 - Die Krater

ABADIAN, M., ENGELHARDT, W.V. & SCHNEIDER, W. (1973): Spaltenfüllungen in allochthonen Schollen des Nördlinger Ries. Geol. Bavarica **67**, 229-237, 2 Abb., 3 Tab., München.

ADAM, K.D. (1982): Der Mensch im Eiszeitalter. Stuttgarter Beitr. Naturk. **C 15**, Stuttgart.

APPEL, M. (1985): Meteoritisches Eisen auf der Altmühlalb. Z. dt. geol. Ges. **136/1**, 157-166, 4 Abb., 2 Tab., Hannover.

APPEL, M. & GARGES, J. (1991): Neue Beweise für die Theorie der meteoritischen Abkunft des Tettenwanger Eisenerzes. Z. dt. geol. Ges. **142/1**, 29-35, 4 Abb., 1 Tab., Hannover.

BAYERISCHES GEOLOGISCHES LANDESAMT (Hrsg.) (1974): Die Forschungsbohrung Nördlingen 1973. Geologica Bavarica **72**, 98 S., 5 Beil., 1 Taf., 14 Abb., München.

--- (1977): Ergebnisse der Ries-Forschungsbohrung 1973: Struktur des Kraters und Entwicklung des Kratersees. Geologica Bavarica **75**, 470 S., 9 Beil., 153 Abb., 38 Tab., München.

BERSU, G. (1936): Rössener Wohnhäuser vom Goldberg bei Neresheim. Germania **20**, 229-243, Frankfurt.

--- (1937): Altheimer Wohnhäuser vom Goldberg, O.A. Neresheim, Württemberg. Germania **21**, 149-158, Frankfurt.

BOLTEN, R. & MÜLLER, D. (1969): Das Tertiär im Nördlinger Ries und in seiner Umgebung. Geologica Bavarica **61**, 87-130, München.

BOUÉ, A. (1824): Note sur les dépôts tertiaires et basaltiques de la partie du Wirtemberg et de la Bavière, au nord du Danube. Ann. Sci. nat. **2**, 5-12, Paris.

BOUSKA, V. (1964): Geology and stratigraphy of moldavite occurences. Geochim. Cosmochim. Acta **28**, 921-930, Oxford.

Branco, W. & Fraas, E. (1901): Das vulcanische Ries bei Nördlingen in seiner Bedeutung für Fragen der allgemeinen Geologie. Abh. kgl. preuß. Akad. Wiss. **1901**, 169 S., Berlin.

--- (1905): Das kryptovulkanische Becken von Steinheim. Abh. kgl. preuß. Akad. Wiss. **1905**, 64 S., 10 Abb., 2 Taf., Berlin.

--- [unter dem Namen: BRANCA, W. usw.] (1907): Die Lagerungsverhältnisse bunter Breccie an der Bahnlinie Donauwörth - Treuchtlingen und ihre Bedeutung für das Ries-Problem. Abh. kgl. preuß. Akad. Wiss. **1907**, Berlin.

CASPERS, C. V. (1792): Entdeckung des Feuerduftsteines im Herzogthum Pfalz-Neuburg, woraus der zu wassertüchtigen Gebäuden ohnentbehrliche Traß zubereitet wird. Zum Gebrauch der churbajerischen Landen und des ganzen Donaustroms Liebhabern. Ingolstadt.

CHAO, E.C.T., HÜTTNER, R. & SCHMIDT-KALER, H. (1992): Aufschlüsse im Ries-Meteoriten-Krater. Beschreibung, Fotodokumentation und Interpretation. 4. Aufl., 84 S., 1 Farbkarte, 1 Taf., Bayer. Geol. Landesamt, München.

COTTA, B. V. (1834): Geognostische Beobachtungen im Riesgau und dessen Umgebungen. N. Jb. Mineral., 307-318, Stuttgart.

DAVID, E. (1969): Das Ries-Ereignis als physikalischer Vorgang. Geologica Bavarica **61**, 350-378, 14 Abb., München.

--- (1977): Anmerkung zur Bruchmechanik der shatter-cone-Bildung. Geologica Bavarica **75**, 285-287, 1 Abb., München.

DEFFNER, C. (1870): Der Buchberg bei Bopfingen. Jahresh. Ver. vaterländischer Naturk. Württ. **26**, 95-142, 3 Taf., Stuttgart.

DEHM, R. (1969): Geschichte der Riesforschung. Geologica Bavarica **61**, 25-35, München.

DORN, P. (1950): Ein Jahrhundert Riesgeologie. Z. dt. geol. Ges. **100**, Hannover.

EL GORESY, A. (1968): The opaque minerals in impactite glasses. In: B.M. FRENCH & N.M. SHORT (Hrsg.): Shock metamorphism of natural materials, 531-553, Mono Book Corp., Baltimore.

ENGELHARDT, W. V. & GRAUP, G. (1984): Suevite of the Ries crater, Germany: Source rocks and implications for cratering mechanics. Geol. Rundschau **73/2**, 447-481, 8 Abb., 17 Tab., Stuttgart.

ENGELHARDT, W. V. & LUFT, E. (1987): Origin of moldavites. Geochim. Cosmochim. Acta **51**, 1425-1443, New York, Oxford, Frankfurt u.a.

ENGELHARDT, W. V., STÖFFLER, D. & SCHNEIDER, W. (1969): Petrologische Untersuchungen im Ries. Geologica Bavarica **61**, 229-295, 34 Abb., 12 Tab., München.

ERNSTSON, K. (1974): The structure of the Ries crater from geoelectric depth soundings. J. Geophys. **40**, 639-659, 19 Abb., 2 Tab., Berlin, Heidelberg, New York.

--- (1984): A gravity-derived model for the Steinheim impact crater. Geol. Rundschau **73/2**, 483-498, 6 Abb., Stuttgart.

FRAAS, O. (1868): Begleitworte zur geognostischen Specialkarte von Württemberg. Atlasblatt Heidenheim mit den Umgebungen von Weissenstein und Steinheim. 21 S., 2 Taf., Königl. stat.-topogr. Bureau, Stuttgart.

--- (1870): Die Fauna von Steinheim. Jh. Naturk. Württ. **26**, 273-282, Stuttgart.

--- (1882): Geognostische Beschreibung von Württemberg, Baden und Hohenzollern. [zum Ries S. 161 f, 165 f], Stuttgart.

FRICKHINGER, E. (1939): Das Himmelreich mit den Ofnethöhlen. Schwabenland, Augsburg.

GALL, H. & MÜLLER, D. (1975): Reutersche Blöcke - außeralpine Fremdgesteine unterschiedlicher Herkunft in jungtertiären und quartären Sedimenten Südbayerns. Mitt. Bayer. Staatssammlung Paläont. hist. Geol. **15**, 207-228, München.

GAULT, D.E. (1974): Impact cratering, a primer in lunar geology. In: R. GREELEY & P. SCHULTZ (Hrsg.): NASA TM-X-62 **359**, 137-176, Washington.

GENTNER, W. & WAGNER, G.A.. (1969): Altersbestimmungen an Riesgläsern und Moldaviten. Geologica Bavarica **61**, 296-303, München.

GEYER, O.F. & GWINNER, M.P. (1979): Die Schwäbische Alb und ihr Vorland. Sammlg. geol. Führer, Bd. 67, 2, Aufl., 294 S., 14 Taf., 36 Abb., Bornträger, Berlin, Stuttgart.

GRAUP, G. (1978): Das Kristallin im Nördlinger Ries. Petrographische Zusammensetzung und Auswurfmechanismus der kristallinen Trümmermassen, Struktur des kristallinen Untergrundes und Beziehungen zum Moldanubikum. 190 S., Enke Verlag, Stuttgart

GROSCHOPF, P. & REIFF, W. (1969): Das Steinheimer Becken. Geologica Bavarica **61**, 400-412, 6 Abb., München.

--- (1971): Vorläufige Ergebnisse der Forschungsbohrungen 1970 im Steinheimer Becken (Schwäbische Alb). Jh. Geol. Landesamtes Baden-Württemberg, **13**, 223-226, Freiburg i.Br.

--- (1986): Der geologische Wanderweg im Steinheimer Becken. 3. Aufl., 32 S., 18 Abb., 2 Tab., Steinheim.

GÜMBEL, C.W. v. (1870): Über den Riesvulkan und über vulkanische Erscheinungen im Rieskessel. Sitz.-Ber. math.-phys. Classe Bayer. Akad. Wiss. **1870**, 153-200, München.

HÉDERVÁRI, P. (1963): On the energy and magnitude of volcanic eruptions. Bull. volcanol. XXVI, Neapel.

HILGENDORF, F. (1867): Über Planorbis multiformis im Steinheimer Süßwasserkalk. Mber. kgl. preuß. Akad. Wiss., 474-504, 1 Taf., Berlin.

HOFMANN, F. (1978): Spuren eines Meteoriteneinschlags in der Molasse der Ostschweiz und deren Beziehung zum Riesereignis. Bull. Ver. schweiz. Petroleum-Geol. u. -Ing. **44/107**, 17-27, 5 Abb., Zürich.

HORN, P. & STORZER, D. (1992): Kritik der Arbeit APPEL & GARGES (1991): "Neue Beweise für die Theorie der meteoritischen Abkunft des Tettenwanger Eisenerzes". Z. dt. geol. Ges. **143/1**, 159-163, 2 Abb., Hannover.

HÜTTNER, R. (1977): Impaktgesteine des Rieses. In: H. Gall, R. Hüttner & D. Müller: Erläuterungen zur Geologischen Karte des Rieses 1:50000. Geologica Bavarica **76**, 108-158, München.

HÜTTNER, R., BROST, E., HOMILIUS, J. & SCHMIDT-KALER, H. (1980): Struktur des Ries-Kraterrandes auf Grund geoelektrischer Tiefensondierungen. Geol. Jb. **E 19**, 95-117, 3 Taf., 3 Abb., Hannover.

HÜTTNER, R. & REIFF, W. (1976): Keine Anhäufung von Astroblemen auf der Fränkischen Alb! N. Jb. Geol. Paläont., Mh. **1976/7**, 415-422, 2 Abb., Stuttgart.

HUGONIOT, H. (1887): Mémoire sur la propagation du mouvement dans un fluide indéfini. J. Math. pures appl. (**4**) 3, 477-492 / (**4**) 4, 153-167, Paris.

KRANZ, W. (1914): Aufpressung und Explosion oder nur Explosion im vulkanischen Ries bei Nördlingen und im Steinheimer Becken? Z. dt. geol. Ges. **66** (Mber.), 9-25, 3 Abb., Berlin.

KRANZ, W., BERZ, K.C. & BERCKHEMER, F. (1924): Begleitworte zur Geognostischen Spezialkarte von Württemberg. Atlasblatt Heidenheim mit der Umgebung von Heidenheim, Steinheim a.A., Weissenstein, Eybach, ... 2. Aufl., 142 S., 22 Abb., 1 Beil., Württ. Stat. Landesamt, Stuttgart.

LEMCKE, K. (1984): Geologische Vorgänge in den Alpen ab Obereozän im Spiegel vor allem der deutschen Molasse. Geol. Rundschau **73/1**, 371-397, Stuttgart.

LÖFFLER, R. (1926): Beiträge zur Riesentstehungshypothese. Jber. Mitt. Oberrhein. Geol. Ver., n.F. **14**, Jg. 1925, 26-83, 8 Abb., Stuttgart.

LUFT, E. (1983): Bildung der Moldavite beim Riesimpakt aus tertiären Sedimenten. 202 S., Enke Verlag, Stuttgart.

MADER, M. (1978): Die Flußgeschichte des Neckars und das Wandern des Albtraufes. Veröff. Naturschutz Landschaftspflege Bad.-Württ. **47/48**, 443-507, 7 Abb., Karlsruhe.

MANSON, W.I. (1965): The orientation and origin of shatter cones in the Vredefort ring. Ann. N.Y. Acad. Sci. **123**, 1017-1048, New York.

MARTINI, J.E.J. (1978): Coesite and Stishovite in the Vredefort Dome, South Africa. Nature **272**, 715-717, 2 Abb., 2 Tab., London.

MELOSH, H.J. (1989): Impact cratering: a geologic process. Oxford monographs on geology and geophysics, 11, Oxford University Press, New York.

MENSINK, H. (1967): Zur Entwicklungsgeschichte der tertiären Planorben aus dem Steinheimer Becken in Süddeutschland. Habil.-Schr. Uni. Bochum, 66 S., 3 Taf., 22 Abb., Bochum.

MILLER, D.S. & WAGNER, G.A. (1979): Age and intensity of thermal events by fission track analysis: the Ries impact crater. Earth and planet. Sci. Lett. **43**, 351-358, 3 Abb., 3 Tab., Amsterdam.

MILTON, D.J. (1977): Shatter cones - an outstanding problem in shock mechanics. In: D.J. RODDY, R.O. PEPIN & R.B. MERRILL (Hrsg.): Impact and explosion cratering. 703-714, Pergamon Press, New York.

PENCK, A. & BRÜCKNER, E. (1909): Die Alpen im Eiszeitalter. Bd. 1, 393 S., 11 Taf., 8 Karten, 56 Abb., Tauchnitz, Leipzig.

POHL, J. (1977): Paläomagnetische und gesteinsmagnetische Untersuchungen an den Kernen der Forschungsbohrung Nördlingen 1973. Geologica Bavarica **75**, 329-348, München.

POHL, J., STÖFFLER, D., GALL, H. & ERNSTSON, K. (1977): The Ries impact crater. S. 343-404 in: D.J. RODDY, R.O. PEPIN & R.B. MERRILL (Hrsg.): Impact and explosion cratering. Pergamon Press, New York.

REIF, W.-E. (1976): Die Erforschung des Steinheimer Beckens. S. 66-85, 8 Abb. in: M. AKERMANN (Hrsg.): 75 Jahre Heimat- und Altertumsverein Heidenheim 1901-1976, Heidenheim.

REIFF, W. (1978): Monomict movement breccias; an indicator of meteoritic impact. Meteoritics **13**, 605-609, Phoenix/USA.

--- (1992): Zur Entwicklung des Steinheimer Beckens. Jh. geol. Landesamtes Baden-Württemberg **34**, 305-318, 4 Abb., 1 Tab., Freiburg i.Br.

REUTER, L. (1926): Die Verbreitung jurassischer Kalkblöcke aus dem Ries im südbayrischen Diluvial-Gebiet. Jber. Mitt. Oberrhein. Geol. Ver., n.F. **14**, Jg. 1925, 191-218, 3 Abb., 1 Kt., Stuttgart.

RODDY, D.J., BOYCE, J.M., COLTON, G.W. & DIAL, A.L. Jr. (1975): Meteor Crater, Arizona, rim drilling with thickness, structural uplift, diameter, depth, volume and mass-balance calculations. Proc. Lunar Sci. Conf. **6th**, 2621-2644, Oxford, New York, Frankfurt u.a.

RUTTE, E. (1971): Neue Ries-äquivalente Krater mit Brekzien-Ejekta in der südlichen Frankenalb, Süddeutschland. Geoforum **7**, 84-92, Braunschweig.

--- (1974): Neue Befunde zu Astroblemen und Alemoniten in der Schweifregion des Rieskometen. Oberrhein. geol. Abh. **23**, 97-126, Karlsruhe.

--- (1981): Bayerns Erdgeschichte. 266 S., Ehrenwirth, München.

SAUER, A. (1901): Petrographische Studien an den Lavabomben aus dem Ries. Jh. Ver. vaterl. Naturkunde Württ. **LXXXVIII**, 57 S., Stuttgart.

SCHEUENPFLUG, O. (1980): Neue Funde ortsfremder Weißjuragesteine in Horizonten der südbayerischen miozänen Oberen Süßwassermolasse um Augsburg.... Jber. Mitt. Oberrhein. Geol. Ver. **62**, 131-142, 1 Abb., 1 Tab., Stuttgart.

SCHMIDT, R.R. (1912): Die diluviale Vorzeit Deutschlands. Stuttgart.

SCHNELL, TH. (1926): Der bayerische Traß und seine Entstehung. Jber. Mitt. Oberrhein. Geol. Ver., n.F. **14**, Jg. 1925, 222-279, Stuttgart.

SCHUSTER, M. (1926): Neues zum Problem des Rieses. Jber. Mitt. Oberrhein. Geol. Ver., n.F. **14**, Jg. 1925, 280-291, 5 Abb., Stuttgart.

SHOEMAKER, E.M. & CHAO, E.C.T. (1961): New evidence for the impact origin of the Ries basin, Bavaria, Germany. J. Geophys. Res. **66**, 3371-3378, Washington.

STÄHLE, V. (1972): Impact glasses from the suevite of the Nördlinger Ries. Earth and planet. Sci. Lett. **17**, 275-293, Amsterdam.

STÖFFLER, D. (1971): Progressive metamorphism and classification of shocked and brecciated crystalline rocks at impact craters. J. Geophys. Res. **76**, 5541-5551, Washington.

--- (1977): Research drilling Nördlingen 1973: polymict breccias, crater basement and cratering model of the Ries impact structure. Geologica Bavarica **75**, 443-458, München.

STÖFFLER, D. & OSTERTAG, R. (1983): The Ries impact crater. Fortschr. Mineral. **61**, Beiheft 2, 71-116, Stuttgart.

STUTZER, O. (1936): "Meteor Crater" (Arizona) u. Nördlinger Ries. Z. dt. geol. Ges. **88**, 510-523, 2 Taf., 2 Abb., Berlin.

TILLMANNS, W. (1978): Die postriesische Flußgeschichte in Nordostbayern. In: Das Mainprojekt. Schriftenr. Bayer. L.-Amt Wasserwirtsch. **7**, 27, 1 Abb., München.

WERNER, E. (1904): Das Ries in der schwäbisch-fränkischen Alb. Bl. Schwäb. Albvereins **16/5**, Sp. 153-168, 14 Abb., Tübingen.

WOLFF, M. & FÜCHTBAUER, H. (1976): Die karbonatische Randfazies der tertiären Süßwasserseen des Nördlinger Ries und des Steinheimer Beckens. Geol. Jb. **D 14**, 3-53, 3 Taf., 7 Abb., Hannover.

Literaturübersichten zur Riesforschung (chronologisch)

LÖFFLER, R. (1926): Jber. Mitt. Oberrhein. Geol. Ver., n.F. **14**, Jg. 1925, 26-83.

KRANZ, W.: Zbl. Mineral. (B), **1925**, 199-201.

--- : Zbl. Mineral. (B), **1927**, 403-407.

--- : Zbl. Mineral. (B), **1934**, 262-267.

--- : Zbl. Mineral. (B), **1937**, 215-216.

--- : N. Jb. Mineral., Mh., **1945-1948**, 336-339.

--- : N. Jb. Geol. Paläont., Mh., **1952**, 49-50.

PREUß, E. (1964): Fortschr. Mineral., **41**, 271-312.

Weitere empfehlenswerte Literatur

zur Geologie:

ADAM, K.D. (1980): Das Steinheimer Becken - eine Fundstätte von Weltgeltung. Jh. Ges. Naturk. Württ. **135**, 32-144, Stuttgart.

REIFF, W. (Hrsg.) (1979): Guidebook to the Steinheim Basin impact crater. 32 S., Geol. Landesamt Baden-Württemberg, Stuttgart.

zur Vorgeschichte:

Führer zu archäologischen Denkmälern in Bayern. Schwaben. Bd. 2, Archäologische Wanderungen im Ries. Konrad Theiss, Stuttgart 1979.

Führer zu vor- und frühgeschichtlichen Denkmälern. Bd. 40 Nördlingen, Bopfingen, Öttingen, Harburg. Teil I Einführende Aufsätze. 261 S., Philipp von Zabern, Mainz 1979.

Führer zu vor- und frühgeschichtlichen Denkmälern. Bd. 40 Nördlingen, Bopfingen, Öttingen, Harburg. Teil II Exkursionen. 301 S., Philipp von Zabern, Mainz 1979.

Kunst und Kultur:

HANNSMANN, M. (1980): Im Steinheimer Becken. (Gedicht, z.B. in:) Landkarten, Engel der Geschichte 24, Claasen, Düsseldorf.

KEßLER, H. (1985): Nördlingen. 1. Aufl., Baedeker, Freiburg i.Br.

LINGEL, K. (1986): Führer durch das Ries. 1. Aufl., 302 S., Konrad Theiss, Stuttgart.

Teil 3

Exkursionen und Aufschlüsse

Exkursionsvorschläge

➔ Aufschlußbeschreibungen zu den Exkursionen ab S. 113

■ Sämtliche Exkursionen sind als Rundfahrten oder -wanderungen gestaltet und können daher an beliebigen Punkten der Strecke begonnen werden. Es ist aber sinnvoll, den Startpunkt der Exkursion, gleich von welchem Ort man aufgebrochen ist, so zu legen, daß die Museen (unterstrichen) nicht nach 16 Uhr erreicht werden. Zu den Exkursionen sollten die amtlichen topographischen Karten des Maßstabs 1:50000 herangezogen werden.

■ Es kann interessant sein, einen Kompaß mitzunehmen, um in den Aufschlüssen der Ries-Umgebung die Striemung einzumessen. Man sollte auch versuchen, im Aufschluß die Einschlagwirkungen und vielleicht einmal den Grad der Schockmetamorphose nach Tab. 7, S. 149 möglichst gut zu bestimmen.

■ Bei Aufschluß- und Streckenbeschreibungen empfohlene Feld- oder Waldwege sind nicht zum Befahren freigegeben - hier wird **gelaufen**!

Ries und Steinheimer Becken mit öffentlichen Verkehrsmitteln: Exkursionen im südlichen Ries lassen sich als Verbindung von Wandern Bahn- und Busfahren durchführen, erfordern aber einige Planung. Aktuelle Haltestellen der Bahn Aalen - Donauwörth sind: Lauchheim, Aufhausen, Bopfingen, Trochtelfingen, Pflaumloch, Nördlingen, Möttingen, Hoppingen, Harburg, Ebermergen und Wörnitzstein. Dazu kommt die Strecke Donauwörth - Treuchtlingen mit dem Bahnhof Otting-Weilheim. Die Strecken Nördlingen - Öttingen - Wassertrüdingen und Nördlingen - Dinkelsbühl sind in Museumsbahnen umgewandelt. Buslinien nach Auskunft am Ort. Steinheim ist mit Bus von Heidenheim erreichbar.

Exkursion A Südwest-Ries (½ Tag)

- Nördlingen - **2** Rieskrater-Museum - **1** Daniel - **22** Stbr. Siegling - **23** Stbr. Alte Bürg - **24** Ofnethöhlen - Holheim - Pflaumloch - **25** Goldberg - Goldburghausen - **26** Goldbergmuseum - Benzenzimmern - Wallerstein - **5** Wallersteiner Felsen - Nördlingen - **3** Leopold Meyers Keller -

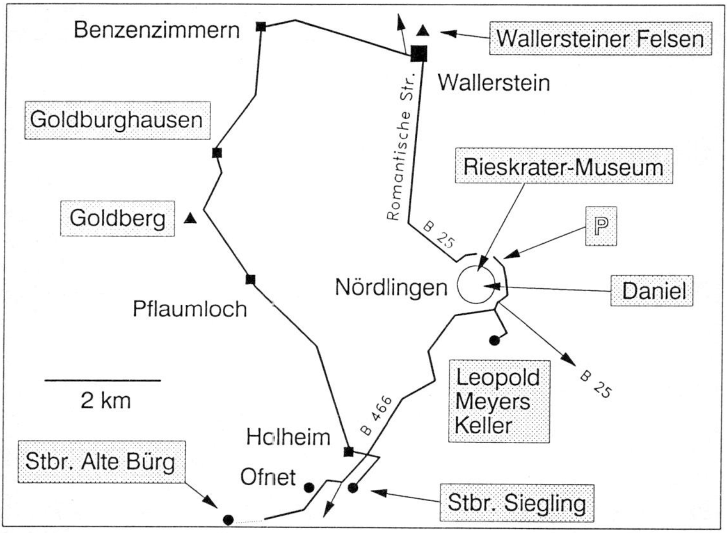

Skizzen - Daten - Notizen

Exkursion B Wanderung im Südwest-Ries (ganztägig). Rd. 30 km; Strecke siehe Skizze. Zusätzlich wird eine Wanderkarte empfohlen. Die Exkursion kann abgekürzt oder zweigeteilt werden, indem man die Bahnlinie Trochtelfingen-Nördlingen nutzt. Fahrzeiten in Nördlingen erfragen.

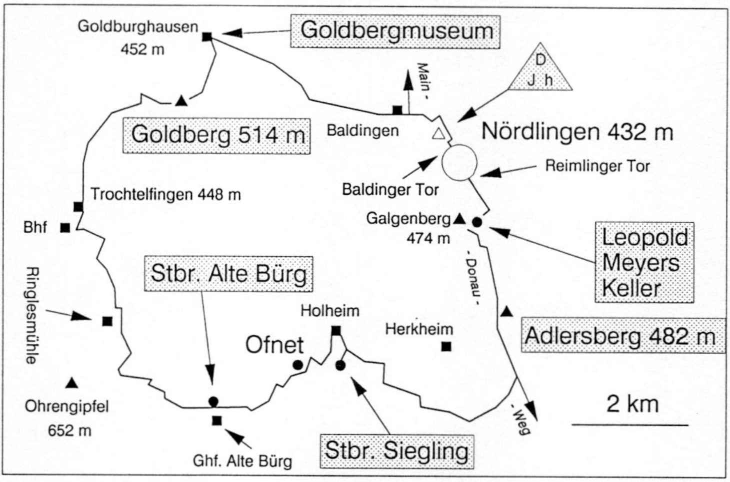

Skizzen - Daten - Notizen

Exkursion C Südwest-Ries (1 Tag)

- Nördlingen - **2** Rieskrater-Museum - **1** Daniel - **22** Stbr. Siegling - **23** Stbr. Alte Bürg - **24** Ofnethöhlen - Utzmemmingen - Härtsfeldhausen - Dehlingen - Richtung Bopfingen - **29** Auswürflinge bei Dehlingen - Hohenberg - **28** Beiberg - Bopfingen - **27** St. Blasienberg - Kirchheim am Ries - Benzenzimmern - Munzingen - **6** Limberg - Munzingen - Wallerstein - **5** Wallersteiner Felsen - Nördlingen - **3** Leopold Meyers Keller -

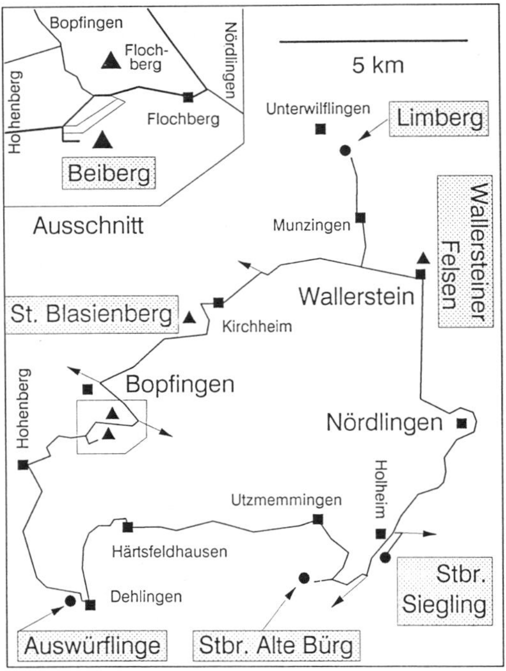

Skizzen - Daten - Notizen

Exkursion D Ostries (1 Tag)

- Öttingen - **7** Stbr. ob der Aumühle - Hainsfarth - **8** Büschelberg - **9** Stbr. Polsingen - Wolferstadt - **11** Stbr. Teich, Gundelsheim - Otting - **10** Stbr. Märker - Wemding (Anmeldung Stbr. Eireiner) - **12** Stbr. Eireiner - **14** Stbr. Gosheim - **15** Stbr. Bschor - Harburg - Richtung Nördlingen, nach 3 km Abzweigung nach Großsorheim links - Kleinsorheim - **16** Kiesgrube Ziswingen - Möttingen - Lierheim - Appetshofen (Fahrt auf dem Innenrand des Kristallinen Rings) - Alerheim - **13** Wennenberg - (Fahrt durch den inneren Krater) - Öttingen -

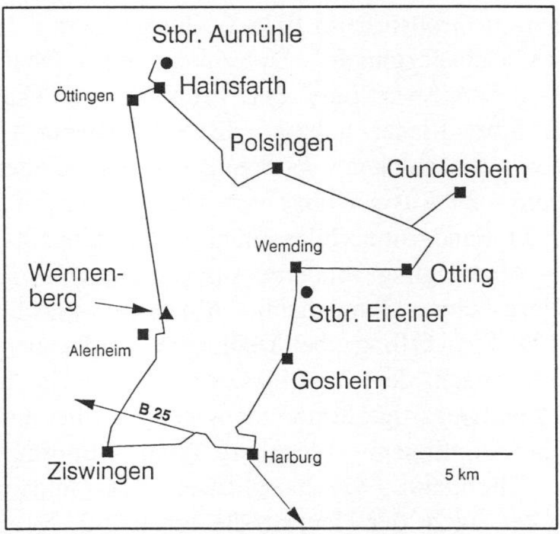

Skizzen - Daten - Notizen

Exkursion E Große Exkursion Ries und Steinheimer Becken (2 Tage)

- Nördlingen - **2** Rieskrater Museum - Wallerstein - **5** Wallersteiner Felsen - Munzingen - **6** Limberg - Marktoffingen - Maihingen (Fahrt durch die Riesebene "über" dem inneren Krater) - Dürrenzimmern (Nähe Einschlagzentrum) - Öttingen - **7** Stbr. ob der Aumühle - Hainsfarth - **8** Büschelberg - **9** Stbr. Polsingen - Wolferstadt - **11** Stbr. Teich, Gundelsheim - Otting - **10** Stbr. Märker - Wemding (Anmeldung Stbr. Eireiner) - **12** Stbr. Eireiner - **14** Stbr. Gosheim - **15** Stbr. Bschor - Harburg - Richtung Nördlingen, nach 3 km Abzweigung nach Großsorheim links - Kleinsorheim - **16** Kiesgrube Ziswingen - Mönchsdeggingen - Untermagerbein - Obermagerbein - Fronhofen - **17** Auswürflinge bei Fronhofen - Thalheim (ggf. Schlüssel für Stbr. Rieder holen) - **18** Stbr. Rieder - Thalheim - Unterringingen - Amerdingen - **19** Suevit von Amerdingen - Eglingen (links abbiegen) - **20** Auswürflinge von Trugenhofen - Trugenhofen - Dischingen - **21** Sandgrube Guldesmühle - Dischingen - Nattheim - Heidenheim - Abzweigung Sontheim - [Exkursion F] - Heidenheim - Nattheim - Neresheim - Ohmenheim - Abzweigung nach Bopfingen - Dehlingen - **29** Auswürflinge bei Dehlingen - Hohenberg - langsam fahren, 500 m nach der 2. Linkskurve rechts in überraschend auftauchende, feldwegartige Straße einbiegen - vorbei am Buchberg - **28** Beiberg bei Bopfingen - Flochberg (Ort) - Bopfingen - **27** St. Blasienberg - Kirchheim - Goldburghausen - **26** Goldbergmuseum - geradeaus weiter (nicht der Hauptstraße folgen), 2. Straße rechts ab über Betonpiste auf den Goldberg zu - **25** Goldberg - Pflaumloch - Nördlingen -

Skizzen - Daten - Notizen

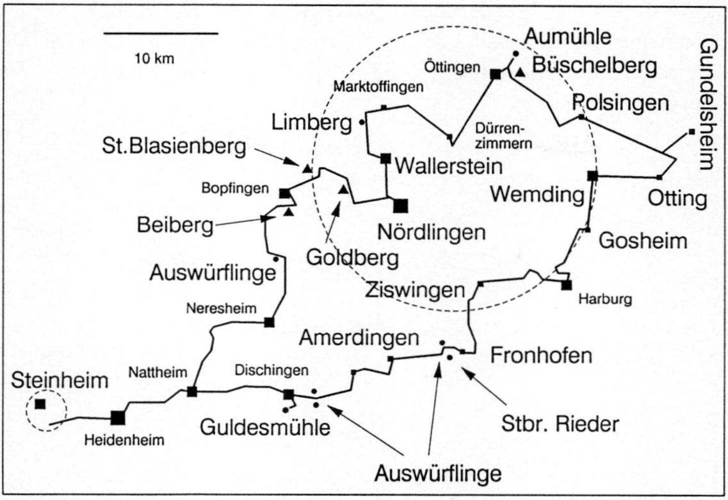

Skizzen - Daten - Notizen

Exkursion F Wanderung im Steinheimer Becken (½ Tag)

Sontheim - **30** Burgstall - **35** Meteorkrater-Museum - **31** Lettenhüle - **32** Steinhirt - Klosterberg - **33** Galgenberg - **34** Knillberg - **30** Burgstall - Sontheim

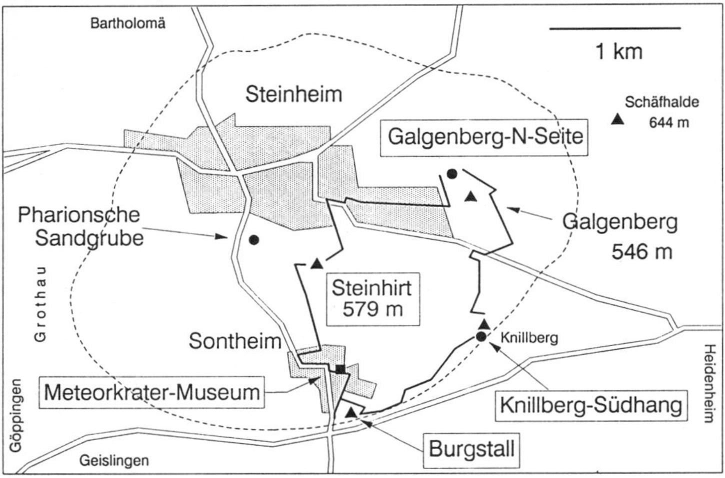

Skizzen - Daten - Notizen

Der geologische Wanderweg zwischen Hahnenkamm und Nordostries kommt als weitere Exkursionsmöglichkeit in Betracht, die Schautafeln sind aber nicht mehr in einwandfreiem Zustand. Bei Exkursionen, die Leopold Meyers Keller berühren, sollte dieser Punkt in die Mitte oder ans Ende der Strecke gelegt werden.

Aufschlüsse

★ Sterne bezeichnen die Bedeutung oder den didaktischen Wert der Aufschlüsse aus der Sicht des Verfassers. Aufschlüsse mit nur einem Stern sind meist nur für den Fachmann interessant.
Einige Aufschlüsse im Ries sind ausgeschildert (Abb. rechts). Die Beschreibungen der Aufschlüsse sind an dieser Stelle knapp gehalten. Mit dazu gehören aber Gesteinsbeschreibungen und weitere Informationen im Glossar und im Text, auf die mit Seitenangaben hingewiesen wird.
Für Steinbruch-Besuche gilt, daß man sich den Notwendigkeiten des laufenden Betriebs anpassen muß; vorher also im Büro um Erlaubnis fragen. Wegen lockerer Steine ist bei Annäherung an Steinbruchwände Vorsicht geboten!

Abb. 49 Aufschlußhinweis im Ries.

1 Daniel★★★, der 90 m hohe Glockenturm der Georgskirche Nördlingen. Bauzeit 1451 - 1490 (mit Notdach), Turmhelm 1537 - 1539. Bauzeit der Kirche hauptsächlich 1427 - 1505. Kirche und Turm sind Musterbeispiele für die Verwendung von Suevit* als Baumaterial, aber auch für dessen Anfälligkeit gegenüber der Verwitterung. Im Mauerwerk sind zahlreiche offene und reparierte Ausbrüche zu beobachten. Hervorragende Aussicht über die Dächer von Nördlingen und weite Teile des Ries. Von hier aus ist der hohe Südrand des Kraters gut zu erkennen. ➔ S. 50

2 Rieskrater-Museum★★★, Nördlingen, Hintere Gerbergasse 3. Montags geschlossen. Führungen nach Anmeldung möglich (Tel. 09081/84143). Das Museum ist in der historischen Holzscheuer von 1503 eingerichtet. Die Ausstellungsstücke sind sehr gut erläutert, so daß sich eine Beschreibung an dieser Stelle erübrigt. Von besonderem Interesse sind Bild-und-Ton-Darstellungen der Herkunft der Meteorite, der Kraterentstehung und von Einschlag-Experimenten. Am Ende des Rundgangs kommt man zu einer Abteilung, die dem Mond und der Raumfahrt gewidmet ist und als besondere Attraktion ein Stückchen - natürlich von Meteoriten getroffenes - Mondgestein vorstellt.

3 Leopold Meyers Keller★, Nördlingen. Beliebter Biergarten. Zugang: In Nördlingen durch das Reimlinger Tor (Richtung Harburg - Donauwörth). Erste Straße rechts ab in ein Wohngebiet. Dann beschildert.
Berühmte schockmetamorphe (polymikte) Kristallin-Brekzie. An der Brekzie* sind 51 % Amphibolite, 33 % Gneise und 16 % Granite beteiligt. ➔ S. 54

4 Adlersberg★★. a) Zugang zu Fuß: Von Nördlingen über den Main-Donau-Weg. Nach einem Wäldchen taucht das Adlersberg-Riff linkerhand auf.
b) Zugang mit Auto/zu Fuß: Von der Straße Reimlingen - Herkheim. 1 km nach Reimlingen nach einer Kuppe parken. Unmittelbar nach der Kuppe führt ein Fußweg zum Adlersberg.
Typisch schalig-lagig gebautes Riff aus Grünalgenkalk und Krusten von Blaugrünalgenkalk auf nicht aufgeschlossener Kristallinscholle. Der Adlersberg ist Teil des Kristallinen Rings*. An der Basis Schill-Lagen. ➔ S. 54, 76

Abb. 50 Adlersberg-Riff von Westen.

5 Wallersteiner Felsen★★★. Zugang von der Hauptstraße in Wallerstein (an der Romantischen Straße). Man nimmt eine der Seitenstraßen, die zum Schloß hinauf führen. Nachdem man durch das (stets offene) Tor des Fürstlich Wallersteinschen Schlosses gelangt ist, befindet man sich gegenüber der Tür zum Park, der die Felsen umgibt. Der Park ist privat, jedoch für Besucher geöffnet.
Auf schmalem Weg teils über rutschige Stufen zum Gipfel. Dort stand als Vorgänger des heutigen Schlosses eine staufische Burg, die 1648 von den Schweden zerstört wurde.
Unterwegs läßt sich die typisch lagige Struktur der aus Algenkalk gebauten Felsen gut studieren. Zeitweise haben sie als Steinbruch gedient. Den Fuß der

Wallersteiner Felsen bildet eine große Kristallinscholle. An diesem Punkt befindet man sich also auf dem Kristallinen Ring*, vor dem "Steilabfall" zum inneren Krater (Abb. 17, S. 45). Sehr schöne Aussicht - bei klarem Wetter ist die Rundform des Kraters gut zu erkennen, außerdem das unterschiedliche Relief der Schollenzone im Westen und des topfebenen inneren Kraters. ➔ S. 54, 76

6 Limberg (Lehberg)★★. Zugang: Von Wallerstein Richtung Kirchheim und Bopfingen. 1 km nach dem Ort rechts ab nach Munzingen. Im Ort geradeaus bis zum Ortsende, wo man rechts haltend auf einer schmalen Betonpiste den Limberg hinauffährt. Nach Überwindung der Höhe folgt man dem 2. Feldweg links zum Aufschluß.

Die aufgelassene Schottergrube ist in einer Kristallinscholle angelegt, die etwas außerhalb des Kristallinen Rings* in der Schollenzone liegt. Aufgeschlossen sind brekziierter Amphibolit (dunklere Gesteine, v.a. auf der Ostseite), Biotit- und Granat-Cordierit-Gneis und brekziierter Biotitgranit. An der Westseite (links) gangförmige polymikte Kristallinbrekzien im Granit. ➔ S. 54

Abb. 51 Steinbruch Aumühle 1992. Suevit ummantelt eine Keuperscholle der Trümmermassen.

7 Steinbruch ob der Aumühle bei Hainsfarth★★★ (seit kurzem wieder bedarfsweise in Betrieb). Zugang: Von der Straße Öttingen - Gunzenhausen. Nach der Abzweigung der Wassertrüdinger Straße quert die Straße ein Tälchen. Gleich nach dem Bach biegt man in den 1. Feldweg rechts ein.

Hier ist der Kontakt Bunte Brekzie-Suevit gut aufgeschlossen. Die Oberfläche der Bunten Brekzie weist ein starkes Relief auf, über das sich der heiße Suevit gelegt hat. Der Kontakt ist als feinkörnige und glasreiche Abkühlungszone ausgebildet.

Eine Lagigkeit parallel zum Kontakt ist zu beobachten. Die Bunte Brekzie besteht hier vor allem aus weinroten und weißen Keupergesteinen. ➔S. 48, 51

8 Steinbruch am Büschelberg★★ (aufgelassen, heute Sportplatz Hainsfarth). Zugang: Kurz vor dem südlichen Ortsende von Hainsfarth links hinauf zum Sportplatz.
Algenkalk am Riesrand (Suevit). Gut sichtbar ist der Wechsel von Riffen und geschichteter Seekreide in ehemaligen Wannen zwischen den Riffen und als Übergußschichtung auf abgestorbenen Riffen. Oben ein Treibholz führender Horizont. ➔ S. 76

9 Steinbruch Polsingen★ (aufgelassen). Zugang: Von der Straße Öttingen - Wemding, Abzweigung nach Polsingen. Im Ort 1. Straße rechts hinauf, dann wieder 1. Straße rechts ("Am Steinbruch") bis Wendeplatte (direkt vor dem Steinbruch).
Verwitterter roter Suevit mit blasiger Grundmasse aus feinkörnig rekristallisiertem Glas und Einschlüssen von Gesteins- und Mineralbruchstücken. Alle bisher untersuchten Einschlüsse stammten aus Kristallingesteinen, Sedimente wurden nicht gefunden. In Blasen kommen Zeolithe* und Chalcedon* vor. Die Farbe kommt von fein verteiltem Hämatit*. ➔ S. 50

10 Steinbruch Märker★★★, Otting (aufgelassen). Zugang über Wemding: In Otting an der 1. Kreuzung links Richtung Wolferstadt abbiegen und die Straße bis Ortsende verfolgen; links in den Steinbruch. Der Aufschluß kann nach einer Wanderung von 2,5 km auch vom Bahnhof Otting-Weilheim erreicht werden.
Bester Aufschluß des Suevits*, der im Südteil als dünne Decke auf Bunter Brekzie* liegt, im Nordteil aber eine Mächtigkeit bis 25 m erreicht. Aufgeschlossen sind im Südteil die untere und im Nordteil die obere Abschreckungszone (vgl. S. 50, Magnetisierung und Erhitzung), erkennbar am hohen Glasanteil im Gestein. ➔ S. 48 (Suevit), S. 51 f (Bunte Brekzie)

11 Steinbruch Teich★★, Gundelsheim (bei Monheim). Dort nicht zu übersehen. Geologisch am interessantesten ist die oberste Sohle des Bruchs, daher kann es günstig sein, von oben zu kommen, d.h. von der Straße Polsingen - Gundelsheim oder Wemding - Otting - Gundelsheim.
Hier kann man nahe am Ries einen äußerlich unzerstörten Kalkstein sehen (Malm δ). Die oberste Sohle des Steinbruchs ist in Wirklichkeit die Schliff-Fläche mit stellenweise gut sichtbarer, riesweisender Striemung. Von dort zur Geländeoberfläche besteht das Gestein aus Bunter Brekzie. An deren Aufbau sind vor allem gelbe, braune und graue Tone des Tertiärs (Obere Süßwassermolasse) und eingelagerte, zerschmetterte Malmkalke aus dem Ries beteiligt (beachte den Unterschied zu den anstehenden Kalken unter der Schliff-Fläche sowie die Zunahme des Anteils an Tertiär-Gesteinen in der Bunten Brekzie gegenüber Aufschlüssen am Riesrand, z.B. Aufschlüsse **15**, **22**). Weiter kommen Gesteine des älteren Jura, der Trias und aus dem Grundgebirge vor. Entfernung vom Ries-Rand 7 km. ➔ S. 59 (Schliff-Fläche), S. 51 f (Bunte Brekzie)

12 Steinbruch Eireiner★★, Wemding (in der älteren Literatur als Steinbruch Schneider erwähnt). Anmeldung im Büro Hartlweg 7, Wemding, Tel. 08293/8038. Der Hartlweg zweigt vom Kapuzinergraben (südöstlicher Abschnitt der Ringstraße) ab. Zugang: Von der Straße Wemding - Harburg. Am Ortsende von Wemding links in einen Waldweg.

Hier ist - zur Zeit besonders an der Nordwand und der Ostwand des Steinbruchs - der tektonische* Kraterrand gut zu sehen. Schollen, die nur um wenige Meter versetzt sein können (= parautochthone Schollen), sind über die am Ort verbliebenen (= autochthonen) Gesteine des Riesrandes geschoben. Sie werden ihrerseits von Schliff-Flächen abgeschnitten, die in östliche Richtungen geneigt sind, deren Fallrichtungen also vom Krater weg zeigen. Über den Schliff-Flächen liegen Sprengschollen (= allochthone Schollen). Von CHAO, HÜTTNER & SCHMIDT-KALER (1992) werden diese Verhältnisse mit einer Art Bockspringen erklärt: Die parautochthonen Schollen fuhren auf den Kraterrand auf und bildeten damit ein Hindernis für die aus dem Innern des Kraters heranschießenden Trümmermassen, die über sie hinwegrasten, gebremst wurden und auf ihrer Außenseite herunterglitten und dabei die Schliff-Fläche erzeugten. ➔ S. 59, 51

Abb. 52 Überkippte und verbogene Scholle im Stbr. Gosheim (**14**).

13 Wennenberg★. Zugang: Von der Straße Harburg - Öttingen. Nach der Abzweigung Alerheim überquert man die Flanke des Wennenbergs. Kurz vor dem höchsten Punkt rechts auf einen Parkplatz. Von dort zu Fuß weiter.

Aussichtsberg. Kristallinscholle, deren verwitterte Gesteine - hauptsächlich Granit - südlich und nördlich des Gipfels entlang des Rundwegs wenig eindrucksvoll aufgeschlossen sind. Der als "Wennenbergit" bekannt gewordene Lamprophyr-Gang ist nicht mehr sichtbar. Mitten im Berg ist ein riesiger, dreistöckiger

Bierkeller angelegt, der heute nicht mehr genutzt wird und nicht mehr öffentlich zugänglich ist. ➔ S. 54

14 Steinbruch Gosheim★★★ (aufgelassen). Zugang: Von Wemding kommend (beschildert), ins Dorf, dann links den "Grünen Weg" hinauf bis zum Waldrand. Überkippte und verbogene Weißjura-Scholle. Die Schichtfolge umfaßt Malm β-γ, wobei hier der ältere Malm über dem jüngeren liegt, das heißt, die gesamte Scholle muß aus dem Gesteinsverband herausgerissen und umgeworfen worden sein. ➔ S. 58

15 Steinbruch Bschor★★, Ronheim. Zugang: Von der Straße Wemding (Öttingen) - Harburg. Nach Huisheim (Heroldingen) Fahrt entlang der Wörnitz. Nach Passage des Dorfes Ronheim (nicht an der Straße, nur Hinweisschild) sind voraus am linken Talhang Felsen zu sehen. Vor diesem Hang links ab auf einen Feldweg.

Wenig beanspruchte, massige und gebankte Kalke des Malm δ, an scharfem Kontakt überlagert von Bunter Brekzie, die hier besonders abwechslungsreich gemischt ist. Je nach Abbauzustand kann der Kontakt selbst aufgeschlossen sein und zeigt sich dann als wohl ausgebildete, bucklige Schliff-Fläche. In Kristallinbruchstücken wurde hier Stufe II der Schockmetamorphose festgestellt und daraus auf deren Herkunft aus der Nähe (1 - 2 km) des Einschlagorts geschlossen. ➔ S. 51

Abb. 53 Südwand der Kiesgrube Ziswingen mit Staffelbrüchen.

16 Kiesgrube Ziswingen★★. Zugang: Die Wand der Kiesgrube wird bereits bei der Anfahrt nach Ziswingen linkerhand sichtbar. Im Ort links ab Richtung

Kleinsorheim. Am Ortsende bei Überquerung eines kleinen Wassergrabens rechts ab auf einen Feldweg.
Ost- und Südwand sind in einer großen Sprengscholle aus Weißjura γ-δ angelegt. Die γ-Mergel ziehen als grau-olive Bänder durch ihren unteren Teil. Die Scholle ist stark zerklüftet, aber nicht vergriest, das heißt, daß sie nur geringe Bewegungen mitgemacht haben kann. In der Südwand sind antithetische* Staffelbrüche sehr schön zu sehen, eine Struktur, die Blockrotation anzeigt. In der Nordwand (vom Eingang links) eine kleinere, völlig aus dem Verband gelöste und gekippte Scholle, eingebettet in Gries. ➔ S. 51

17 Auswürflinge bei Fronhofen★. Zugang: In einem ehemaligen Steinbruch an der Kreuzung direkt westlich Fronhofen sowie im Kesseltal, z.B. bei der Hohenburgermühle, von der Staße aus sichtbar. Entfernung vom Riesrand rd. 3,5 km.

18 Steinbruch Rieder bei Thalheim★ (aufgelassen). Zugang: An der Straße Thalheim - Bissingen im Kesseltal. Der Aufschluß wird heute vom Nordschwäbischen Abfall-Wirtschaftsverband genutzt und ist umzäunt. Reguläre Öffnungszeiten: Fr 14 - 17 Uhr, Sa 9 - 12 Uhr. Ausnahmegenehmigung bei der Gemeinde Bissingen.
Stark zertrümmerter (vergriester) Malmkalk; darin eine Sprengscholle, die gegen das Rieszentrum hin mit etwa 45° aufgerichtet und verbogen ist. ➔ S. 51

19 Suevit von Amerdingen★. Zugang: An der Straße bei der Friedhofskapelle am südlichen Ortsende. Der eigentliche Amerdinger Suevitbruch östlich der Kapelle ist heute nicht mehr zugänglich.
Entfernung vom Rand des inneren Kraters rd. 13 km. ➔ S. 48

20 Auswürflinge von Trugenhofen★ (bei Dischingen). Zugang: 500 m nach Ortsende Richtung Eglingen rechts am Gegenhang sowie linkerhand am Waldrand. Entfernung vom Riesrand rd. 11 km. ➔ Abb. 21

21 Sandgrube Guldesmühle★★ (aufgelassen). Zugang: Von der Straße Dischingen - Dillingen. 200 m hinter Ortsende Dischingen rechts ab. Überquerung eines Wassergrabens und der Egau. Geradeaus einen Waldweg hinauf, dann den 3. Waldweg rechts (unbefestigt).
Überlagerung von Oberer Meeresmolasse durch Bunte Brekzie*. Die hellen Sande der Meeresmolasse machen den Hauptteil des Aufschlusses aus. Oben an der Hangkante liegen rot verwitterte Kalkbrocken der Bunten Brekzie.
➔ S. 39, Abb. 54 (umseitig)

22 Steinbruch Siegling★ bei Holheim (aufgelassen). Zugang: Von der Straße Nördlingen-Neresheim. Von Nördlingen kommend an der Abzweigung nach Holheim links abbiegen und gleich darauf rechts.
Zerschlagene Malmkalke überlagert von Bunter Brekzie. Die früher hervorragend aufgeschlossene Schliff-Fläche ist nur noch in Resten sichtbar. Direkt unter der

Schliff-Fläche findet sich eine verbackene Kalksteinbrekzie von wenigen Zentimetern Mächtigkeit, die wiederum durch eine Fläche vom Malmkalk getrennt ist. Die Bunte Brekzie besteht hier vorwiegend aus grauen Lias- und Dogger-Tonen von rd. 5 m Mächtigkeit. ➔ S. 51

Abb. 54 Standfeste Sande der Oberen Meeresmolasse bei der Guldesmühle (**21**).

23 mittelalterlicher Steinbruch Alte Bürg★★★. Zugang: Von der Straße Nördlingen - Neresheim. Von Nördlingen kommend nach der Holheimer Abzweigung rechts ab (beschildert). Links an der ländlichen Ausflugsgaststätte Riesbürg vorbei durch einen feuchten Hohlweg oder 150 m zurück und auf besserem Weg den Hügel der ehem. Burg nach links umrunden. Der Aufschluß befindet sich gegenüber der Mündung des Hohlwegs.
Aus diesem Steinbruch vor allem kamen die Steine für den Bau der Nördlinger Georgskirche und anderer mittelalterlicher Großbauten (➔ S. 50). Außerdem war er früher eine wichtige Stütze der vulkanischen Theorien zum Ries. Der Suevit* ist hier zwischen Malmschollen der Bunten Trümmermassen zur Ablagerung gekommen und hat diese randlich gefrittet, wodurch das Ganze das Aussehen eines angeschnittenen Vulkanschlotes bekam. Speziell um diese Frage zu klären, wurden im Steinbruch Bohrungen abgeteuft. Dabei ergab sich, daß der "Schlot" sich nach der Tiefe nicht fortsetzt, sondern überall von Trümmermassen unterlagert wird. ➔ S. 48

24 Ofnethöhlen★ bei Holheim südlich Nördlingen. Zugang: Von der B 466 Nördlingen - Neresheim zweigt man, 600 m nachdem man an Holheim vorbeigefahren ist, rechts ab und läßt sein Fahrzeug auf der Höhe eines kleinen Sattels stehen. Ein markierter und zunächst asphaltierter Weg führt auf die Höhe des Himmelreich genannten Hügels, dann links hinunter auf die Südseite. Nach 500 m kommt man in einem felsigen Hang unterhalb der Höhleneingänge vorbei. Große und Kleine Ofnet sind in einer wenig verstellten (allochthonen) Scholle am Riesrand angelegt. Ihr Höchstalter ist durch das Alter des Impakts* gegeben, kann also nur jünger als Obermiozän sein. Die kleinen Höhlen sind verrußt und nicht sehr lohnend. ➔ S. 80

25 Goldberg★★. Zugang: Von der B 29 Nördlingen - Aalen zweigt man in Pflaumloch rechts nach Goldburghausen ab. Nach 1,5 km stellt man sein Fahrzeug an der Straße ab und wandert am Südhang des Berges zur Hochfläche.
Riff am Rand des ehemaligen Riessees und vorgeschichtlicher Siedlungsplatz. Beim Aufstieg kommt man an mehreren Aufschlüssen des Algenkalks vorbei, die durch den ehemaligen Steinbruchbetrieb geschaffen wurden. Fossilfunde ind möglich. Die Hochfläche wird heute landwirtschaftlich genutzt (auf dem Pfad bleiben!). Von der ehemaligen Besiedelung sind keine Spuren zu erkennen. Archäologische Funde müssen dem Landesdenkmalamt Stuttgart gemeldet werden. Schöne Sicht über das Ries. ➔ S. 77, 81 f

26 Goldbergmuseum★★★. Zugang: In Goldburghausen schräg gegenüber der Kirche. Offen 1.4.-31.10. So 14 - 17 Uhr und nach Vereinbarung (für Gruppen): Tel. Herr Mährle, 09081/7016; sonst viell. Gem. Riesbürg Tel. 09081/88074.
Es werden Modelle der Siedlungen auf dem Goldberg, Nachbildungen von Waffen und Ackergeräten und Originalfunde gezeigt. Sehr lohnend.

27 St. Blasienberg★. Zugang: Von der Straße Bopfingen - Kirchheim. Entweder begnügt man sich mit dem Parkplatz am höchsten Punkt der Straße oder man besteigt den Berg.
Guter Aussichtspunkt am westlichen Riesrand bei Kirchheim am Ries. Die Rundform des südlichen Kraterrandes ist im Hintergrund zu erkennen. Davor rechterhand der Goldberg, links ragt der bewaldete Wallersteiner Felsen aus der Riesebene. Auf dem Rücken des Berges ein Steinbruch im Malm γ, der hier in einem Graben mit geringer Sprunghöhe in unteren Malm eingesunken ist. Der Graben ist Teil einer aus dem Schwarzwald herüber streichenden Zerrungsstruktur, des sog. Schwäbischen Lineaments, das im Oligo-/Miozän als Reaktion der Erdkruste auf die Auflast der Alpen entstanden ist. ➔ S. 39

28 Beiberg bei Bopfingen★★. Zugang: Von der Straße Neresheim - Bopfingen: Nach Hohenberg folgen 2 Links- und 2 Rechtskurven. 400 m nach der 2. Rechtskurve halbrechts in eine nicht beschilderte Nebenstraße einbiegen. Im Neubauviertel "Schloßberg" 1. Straße rechts hinauf, dann links in die Beibergstraße einbiegen und bis zum Ende verfolgen. Dort beginnt ein Pfad zum Gipfel des Berges.
Ausgeworfene und zertrümmerte (Spreng-)scholle. Aussichtsberg. Felsen am Gipfel und am Nordhang zeigen intensive Zerbrechung und anschließende Silifizierung (Freiwerden von Kieselsäure, Bildung von Hornstein*). Gegenüber der Flochberg, gekrönt von der Ruine Flochberg, dessen Gipfel ebenfalls aus

Trümmermassen besteht. Im Westen die kilometerlange, ebenfalls ausgeworfene Scholle des Buchbergs; in der Senke zwischen Beiberg und Buchberg das Niveau der Buchberg-Gerölle, d.h. der vorriesischen Landoberfläche. Entfernung vom Riesrand rd. 3 km. ➔ S. 51 (Sprengschollen), S. 40 (Buchberggerölle)

29 Auswürflinge bei Dehlingen★. Zugang: Von der Straße Bopfingen - Neresheim. 3 km nach dem Weiler Hohenberg führt die Straße durch einen Wald. Nach weiteren 1,5 km sieht man am Ausgang des Waldes rechterhand einen als Weide genutzten Hang.
Dort liegen bei einer Baumgruppe an der Kreuzung zweier Feldwege (500 m W Dehlingen) einige größere Malmkalktrümmer, die aus dem Ries herausgeschleudert wurden. Die Entfernung zum Riesrand beträgt 7 km.

30 Burgstall★★★ (Burgstelle!) bei Sontheim. Zugang: Gratartiger Hügel mit Heidevegetation zwischen Stubental und Steinheimer Becken (Straße Heidenheim-Geislingen [Schwäbische Alb-Straße], Abzweigung Sontheim). Aufstieg (20 m) über einen Pfad vom Parkplatz des "Sontheimer Wirtshäusles" oder von Sontheim aus.
Aussichtspunkt und der beste Anfang einer Exkursion ins Steinheimer Becken. Blick über das ganze Becken mit dem Zentralberg im Mittelgrund. Der anschaulichste Eindruck eines Meteoritenkraters in ganz Europa. Der Burgstall selbst gehört zum südlichen Kraterrand und besteht aus zertrümmerten und verkieselten Kalken. Abstieg nach Sontheim zu. Am Rückweg zum Wirtshäusle, durch die vom ehemaligen Wentalbach geschaffene Pforte, kommt man am **Burgstall-Steinbruch** vorbei. Interessanter Blick ins Innere des Kraterrandes, der aus wieder verbackenen kleinstückigen Trümmern und inliegenden kleinen Schollen mit erkennbarer Schichtung besteht.
➔ S. 85 (Kraterand), S. 88 (Kalkbrekzie), S. 86 (Zentralberg)

Zentralberg (**31**, **32**). Zugang: Von Sontheim: Am Ortsende Richtung Steinheim rechts, dann links auf einem von weitem sichtbaren Pfad direkt von Süden den Hügel hinauf. Er führt genau zur Lettenhüle. Von Steinheim: Am Ortsende Richtung Sontheim nach dem Friedhof parken. Längs der Südseite des Friedhofs einen steilen Asphaltweg hinauf. Er führt an der ehemals Pharionschen Sandgrube vorbei, die heute der paläontologischen (= Urwelt-) Forschung vorbehalten und eingezäunt ist. An der Oberkante der Grube wurde ein (etwas klein geratener) **Klopfplatz** in den Steinheimer Schneckensanden für private Sammler übriggelassen, der schon ziemlich abgesucht ist. Am Kriegsmahnmal vorbei rechts zur Lettenhüle. ➔ S. 86, 95 f

31 Lettenhüle★. Wassergefüllte ehemalige Tränke. Hülen oder Hülben sind auf der verkarsteten Alb entweder auf natürlichen Wasserstauern angelegt (Vulkanschlote) oder durch Auskleiden mit Stampflehm künstlich abgedichtet. Hier besteht der Untergrund der Hüle aus wasserstauenden Tonen des Braunen Jura α (Opalinuston), die in der Mitte des Zentralberges anstehen. Es sind die tiefsten Schichten, die im Steinheimer Krater von der nach dem Einschlag

zurückschnellenden Erdkruste zur Oberfläche hinauf gerissen wurden. Im Gelände formen die Braunjura-Tone die Steinheim zugewandte, sanfte Mulde des Zentralbergs.
➔ S. 86

32 Steinhirt★★ ("Steinerner Hirt"). Fels am höchsten Punkt des Zentralbergs im Steinheimer Becken, 579 m ü. NN. Eindrucksvoller Rest der Algenriffe des Steinheimer Kratersees, von denen die meisten zur Schottergewinnung für den Bau der Brenztalbahn abgebaut wurden. Der Seespiegel muß im Tertiär bis über den Felsgipfel gereicht haben. Weil der Südrand des Beckens niedriger ist als das Riff, ist schon daran zu erkennen, daß das dahinter liegende Stubental ein jüngerer Einschnitt in die Landschaft ist.
➔ S. 94

Abb. 55 Der "Steinerne Hirt", ein Algenkalkfelsen auf dem Zentralberg.

33 Galgenberg-Nordseite★★. Zugang vom Klosterberg: Vom Klosterhof ist der Galgenberg jenseits des Steinheimer Industriegebiets zu sehen. Auf einem Pfad hinter dem Klosterhof in den Ort hinunter und durchs Industriegebiet bis an die Westseite des Galgenbergs. Links haltend daran entlang bis zu einem kurzen Hohlweg.

Querschnitt durch die Galgenberg-Scholle. Beidseitig im Hohlweg aufgeschlossen sind schräggestellte und schwach gefaltete Liegende Bankkalke (Malm ζ), überlagert von in Blockwerk aufgelösten Trümmermassen. Die Bankkalke sind auf der dem Kraterzentrum zugewandten Seite ebenfalls stark beansprucht.
➔ S. 87

34 Knillberg-Südhang★★. Zugang: Von der Straße Heidenheim - Steinheim oder vom Burgstall: Auf Feldwegen dem Gipfel des Hügels entgegen; letztes Stück durch die Wiese. Vom Gipfel wenige Meter nach Südwesten absteigen.

Man befindet sich hier unmittelbar am (heutigen) Kraterrand. Daher ist die Gesamtlage hier anders als bei **33**, obwohl Schichten und Lagerung ähnlich sind. Der Gipfel des Knillbergs besteht aus Trümmermassen, die hier keine Scholle des Kraterinneren, sondern die Kraterwand aus wenig verstellten Jurakalken überlagern, die den unteren Teil des Hügels aufbauen. ➔ S. 85, 87

Abb. 56 Querschnitt durch die Galgenberg-Scholle.

35 Meteorkrater-Museum★★★, Sontheim. Zufahrt beschildert. Offen So-Fr 9-12 Uhr und 14 - 17 Uhr, Sa 14 - 17 Uhr. Telefonische Anmeldung kann nützlich sein (07329/8956), da das Museum auch während der Öffnungszeiten nicht durchgehend besetzt ist, oder wenn Gruppen nicht zu den üblichen Öffnungszeiten kommen. Es kann dann ein Termin vereinbart werden - die Steinheimer sind hier sehr entgegenkommend!
Besonderer Glanzpunkt des Museums sind die zahlreichen Funde, die das Tier- und Pflanzenleben des Steinheimer Kratersees belegen. Darunter sind (in der wissenschaftlichen Welt) berühmte Stücke. Entstehung und Erforschung des Steinheimer Beckens werden anschaulich dargestellt.

Anmerkung: Es sind hier nicht alle Aufschlüsse verzeichnet, sondern nur die interessantesten und zum geologischen Verständnis der Krater notwendigen. Weitere Aufschlüsse in CHAO, HÜTTNER & SCHMIDT-KALER 1992 sowie GROSCHOPF & REIFF 1986. Nicht aufgenommen sind außerdem (teils berühmte) Aufschlüsse, die heute zugewachsen sind. Dazu gehören z.B.: Straßenböschung Zipplingen, Klostermühle Maihingen, Tiefental bei Hürnheim am Albuch (Ries).

Teil 4

Glossar

Abkürzungen

allg.	allgemein	i.a.	im allgemeinen	s.	sächlich
d.h.	das heißt	ital.	italienisch	sog.	sogenannt
Erdwiss.	Erdwissenschaften	lat.	lateinisch	v.a.	vor allem
frz.	französisch	m.	männlich	w.	weiblich
griech.	griechisch	Mz.	Mehrzahl	z.B.	zum Beispiel
Ex.	Exkursion	n.	nach		

Alemonit 46
Adlersberg (Nördlingen) 54, Ex.: B
Alerheim Ex.: D
Alerheimer Schloßberg 54
Algenkalk [..des Rieses] 76,
[..des Steinheimer Beckens] 95
Alte Bürg 120, Ex.: A, B, C
Amerbach ("Roter Suevit") 50
Amerdingen Ex.: E

Amphibole, Mz. (griech. amphibolos: zweideutig). Zu den Ketten- oder Fasersilikaten gehörige Mineralfamilie. Kristalle von gestreckter Form, der im Innern eine bandförmige Anordnung der molekularen Bausteine entspricht, d.h. eine Doppelkette von SiO_4-Tetraedern mit 2er Periode. Sie sind über Sauerstoff-Ionen so verknüpft, daß sich als Grundeinheit $[Si_4O_{11}]^{6-}$ ergibt.
Nach der Symmetrie* des Kristallbaus unterscheidet man Klino- und Orthoamphibole. Die allg. Formel ist: $X_2Y_5[(OH,F)/Z_4O_{11}]_2$ mit:

X = Na^+ K^+ Mg^{2+} Ca^{2+} Mn^{2+} Fe^{2+}
Y = Mg^{2+} Mn^{2+} Fe^{2+} Fe^{3+} Ti^{3+} Al^{3+}
Z = Al^{3+} Si^{4+}

In den sog. Amphiboliten zusammen mit Plagioklas* gesteinsbildend, v.a. in der Unterkruste der Erde. Einige A. sind Asbest-Rohstoffe, z.B. für Krokydolith-Asbest. Er wird v.a. als Füllstoff für Isolierschichten und für Dichtungen verwandt. Wichtige A. sind außerdem Hornblende und Strahlstein (Aktinolith).

Analzim, m., auch: Analcim. Mineral* aus der Gruppe der Feldspatvertreter mit kubischer *Symmetrie (Die Feldspatvertreter haben i.a. höhere Symmetrie* als die Feldspäte*).
Die Feldspatvertreter gehören ihrerseits zu den Gerüstsilikaten, Silikate*. Sie haben ihren Namen, weil sie die Feldspäte in magmatischen Gesteinen

"vertreten", die an Kieselsäure untersättigt sind. Das heißt also, daß in solchen Magmen keine Feldspäte entstehen können, sondern eben Feldspatvertreter. A. vertritt dabei den Feldspat Albit:

$Na[AlSi_3O_8]$ -	$SiO_2 + H_2O$ ⇨	$Na[AlSi_2O_6] \cdot H_2O$
Albit	Kieselsäure	Analzim

Der A. steht am Übergang zu den Zeolithen*, da er ebenfalls Wassermoleküle in Kanäle seines Kristallgitters aufnehmen kann. Er kommt vor allem in Blasenräumen von basischen* Magmatiten* und in Erzgängen vor.

antithetisch (griech. anti, thesis: gegensinnig).
[Geologie] -e Störung: Versatz eines Blocks scheinbar gegensinnig zur Bewegung.

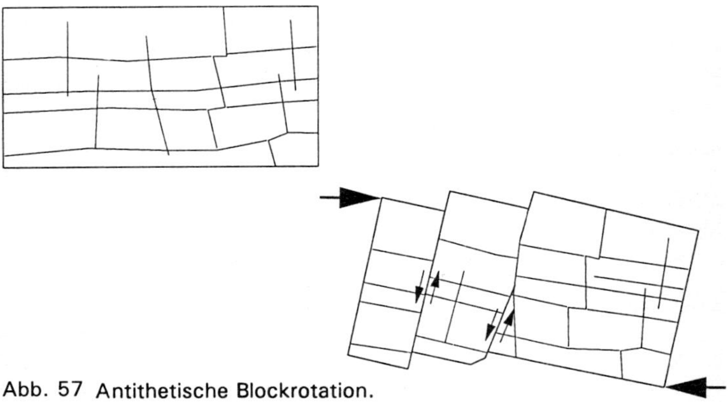

Abb. 57 Antithetische Blockrotation.

Asteroid (Planetoid) **Tab. 1**, 15

Astroblem, s. (griech. aster: Stern, blema: Wunde). Die durch einen Meteoriteneinschlag erzeugte Struktur, also ein Krater*, oder, wenn die Kraterwände vollkommen abgetragen sind, ein Gebiet, in dem das Gesteinsgefüge durch Meteoriteneinschlag zerstört ist.

Augit, m. (griech. augä: Glanz). Mischkristallreihe innerhalb der Mineralgruppe der Pyroxene*. Monoklin*. Allg. Formel: $(Ca,Mg,Fe,Ti,Al)_2[(Si,Al)_2O_6]$. Gesteinsbildende Minerale*, z.B. in Basalt, Pyroxenit. Auf der Erde v.a. im Mantel vorhanden.

Außensenke, auch Vortiefe, w. (n. Ed. Suess, 1909). Senke(n) der Erdkruste (und der Lithosphäre), die sich vor einem alpinotypen Gebirge während dessen Entstehung bildet (bilden). Werden weitere Räume in den Gebirgsbau mit einbezogen, dann "wandert" die A. vor dem Gebirge her. Hauptmechanismus ist die vom Gebirge verursachte Belastung und Verbiegung der benachbarten Teile der Erdkruste. Die Außensenke(n) nehmen vor allem den Abtragungsschutt des Gebirges auf. Das kann am Anfang mariner Flysch sein (Flyschtrog), später Molasse* (Molassebecken). Endstadium der nördlichen alpinen A. ist das süddeutsche Molassebecken, das in etwa mit dem Naturraum des Alpenvorlands identisch ist. Gegensatz: Innensenken innerhalb des Gebirges.

Badenium. (n. Baden bei Wien). Neu definierte Stufe (Zeitraum) des Tertiärs (mittleres Miozän) der Gliederung nach STEININGER u.a., die vor allem in der alpin-karpatischen Vorlandmolasse verwendet wird. Das B. ist ± identisch mit dem ebenfalls neu aufgestellten Langhium*, das den Zeitraum 16,3 - 14,2 Mio. Jahre umfaßt. Im B. fand das Riesereignis* statt.
[Lit.] STEININGER, RÖGL & MARTINI (1976): Current Oligocene/Miocene biostratigraphic concept of the central Paratethys (middle Europe). Newsl. Stratigr. **4**, 174-202, Berlin, Stuttgart.

Baldingen Ex.: B

basisch / sauer.
1 [allg.] Geschmackseigenschaft von Naturstoffen (Pflanzensäfte, saure Milch), die auf eine typische Reaktion der darin enthaltenen Säuren oder Basen zurückgeht.
2 [Chemie] • Stoffe, die mit Säuren unter Wasserabspaltung Salze bilden oder in wässrigen Lösungen Hydroxid-Ionen freisetzen sind basisch. Ein Beispiel:

a)	CaO +	H_2O ⇨	$Ca(OH)_2$ ⇔	Ca^{2+} +	$2OH^-$
	Kalziumoxid	Wasser	Kalziumhydroxid (Base)		Hydroxid-Ion
b)	HCl +	H_2O ⇔	H_3O^+ +	Cl^-	
	Chlorwasserstoff (Säure)	Wasser	Hydronium	Chlorid-Ion	
c)	$Ca^{2+} + 2\,OH^- + 2\,H_3O^+ + 2\,Cl^-$		⇔	$CaCl_2 + 2\,H_2O$	
	Ionen aus Reaktion a) und b)			Kalziumchlorid (Salz)	

• Stoffe, die mit Basen unter Wasserabspaltung Salze bilden oder in wässrigen Lösungen Wasserstoff-Ionen bzw. Hydronium-Ionen freisetzen, reagieren sauer. Z.B.:

HCl	+	$NaOH$	⇨	$NaCl$	+	H_2O
Säure		Base		Salz		Wasser

Fortsetzung umseitig

[Erdwiss.] • Gesteine, die weniger als 52 % Siliziumdioxid* enthalten, gelten als basisch (Basalt, Mergel). Als ultrabasisch bezeichnet man einen SiO_2-Gehalt von weniger als 45 % (Peridotit, Kalk).
• Gesteine mit SiO_2-Gehalten zwischen 52 und 65 % sind intermediär.
• Saure Gesteine enthalten mehr als 65 % Siliziumdioxid. SiO_2 gilt als Säure, weil es sich theoretisch als Kieselsäure-Anhydrid auffassen läßt. Der größte Teil des in Gesteinen enthaltenen SiO_2 ist jedoch in andere Verbindungen eingebaut und daher im chemischen Sinn keine Säure. Erst bei der Verwitterung und Bodenbildung tritt eine saure Reaktion auf.

Beiberg (Bopfingen) 121, Ex.: C, E

Bentonit, m. (n. Fort Benton/Montana/USA). Tongestein, das durch Verwitterung vulkanischer Glasaschen oder anderer Gläser entstanden ist. Hauptbestandteil ist das Tonmineral Montmorillonit*. Verwendung zur Herstellung feuerfester Keramik-Baustoffe, Abdichtung größerer Flächen gegen Sickerwässer (z.B. Müllhalden) sowie als Zuschlag für Bohrspülungen.

Biotit, m. (n. d. frz. Physiker J.B. Biot 1774-1862), auch Dunkelglimmer. Blattsilikat (Silikate*) aus der Gruppe der Glimmer mit der allg. Formel $K(Mg,Fe^{2+},Mn)_3[(OH,F)_2/AlSi_3O_{10}]$. Monoklin. B. entsteht bei Abkühlung magmatischer Schmelzen geeigneter Zusammensetzung und durch Metamorphose*. Dementsprechend findet man ihn in vielen Gesteinsarten, wie Diorit, Tonalit, Biotitgranit, Biotitschiefer.

Bolide 6

Bopfingen Ex.: C, E

Brakteat, m. (lat. bractea, Blättchen). [Archäologie] Meist rundes, einseitig geprägtes Goldblech, als Schmuckstück oder Teil eines Schmuckstücks oder als Münze verwendet.

Braunkohle [allg.] Zusammenfassend für Kohle niedrigen Inkohlungsgrades, d.h. fossiles Pflanzenmaterial, das, am Grad seiner Umwandlung zu Graphit (Kohlenstoff) gemessen, zwischen Torf und Steinkohle steht.
[im Ries] 79

Brekzie, w. (ital. breccia: Geröll). Festgestein, dessen wesentliches Merkmal ein Gehalt an (eckigen) Gesteinstrümmern ist, zwischen denen sich eine Grundmasse oder nur ein Zement befindet. Nach der Entstehung unterscheidet man zwischen verschiedenen Arten von B.n:
• Sedimentäre B.n entstehen z.B. durch Anhäufung von Verwitterungsschutt am Fuß von Bergen, oder, von Wasser weitertransportiert, in Seen und Meeren, wenn keine wesentliche Kornrundung erfolgt. In diesem Fall kann die Grundmasse bei weitem überwiegen. Im weiteren Sinn auch bei Bergstürzen durch Zertrümmerung des fallenden Gesteins.
• Tektonische B.n entstehen bei Scherbewegungen im Gestein unter Bedingungen

des spröden Gesteinsverhaltens, z.B. auf Störungsflächen oder auf der Gleitfläche von Bergsturzmassen (Reibungsbrekzien). Fließender Übergang zu den Kataklasiten.

• Vulkanische B.n entstehen bei stoßartigem Andrang des Magmas auf die Wände des Förderschlots oder auf die alte, kristallisierte Schlotfüllung.

• Impaktb.n entstehen auf verschiedene Weise bei Meteoriteneinschlag: **1.** am Ort durch Zertrümmerung des Gesteins (brekziierter Kraterboden, brekziierte Kraterwände und Schollen), **2.** durch Auswurf des zertrümmerten Gesteins in der Umgebung des Kraters (Auswurfbrekzie) und im Krater selbst (Rückfallbrekzie), **3.** auf Scherflächen von durch den Impakt gegeneinander versetzten Gesteinsmassen der Kraterwände (Reibungsbrekzie). Das ausgeworfene Material bildet B.n, die aus verschiedenen Gesteinen gemischt sind (polymikte B.n), am Ort entstandene B.n sind dagegen unvermischt ("monomikt").

[Lit.] RICHTER & FÜCHTBAUER (1981): Merkmale und Genese von Breccien und ihre Bedeutung im Mesozoikum von Hydra. Z. dt. geol. Ges. **132/1**, 451-501, Hannover.

Brenztal-Trümmeroolith 39

Bronzit, m. (Farbe und Glanz bronzeartig). Mineral* aus der Familie der Pyroxene*, chemisch zwischen Enstatit* und Hypersthen*.
Formel: $Mg_{90-70}\ Fe_{10-30}\ [Si_2O_6]$. Rhombisch*.

Buchberg (Bopfingen) 40
Buchberggerölle 40
Bühl i. Ries 58
Bunte Brekzie 51 f
Bunte Trümmermassen 51
Burgstall bei Sontheim 122, Ex.: F
Burgstall (Ries) Alte Bürg*

Chalzedon feinstkristalliner Quarz*. Bestandteil von Achat und seinen Abarten (z.B. Onyx), teilweise auch in Feuerstein und Opal.

Chaoit, m. (n. d. chin.-amerikan. Geologen Edward C.T. Chao). Mineral, hexagonale* Hochdruck-Modifikation* von Kohlenstoff. Vorkommen z.B. als Lamellen in schockmetamorphen Graphitgneisen des Ries. Dort Erstfund (Möttingen). Sonst aus Kohligen Chondriten* bekannt.

[Lit.] EL GORESY (1969): Eine neue Kohlenstoff-Modifikation aus dem Nördlinger Ries. Naturwiss. **56**, 493-494, Berlin, Heidelberg.

Chicxulub-Krater 30 f
Chondren 24 f
Chondrite 23 - 25
Christgarten 50
Cladophorites incrustatus 77
Coesit Siliziumdioxid*
Cristobalit Siliziumdioxid*
Cypris risgoviensis 77

Cro-Magnon-Mensch (n. d. Fundort Cro Magnon bei Les Eyzies/Dordogne/ Frankreich). Späteiszeitliche Menschenrasse, die ab 40000 Jahren vor heute (späte Würm-Eiszeit) in Europa nachgewiesen ist. Die Herkunft des Cro Magnon ist unbekannt. Er ist als *Homo sapiens sapiens* klassifiziert und stellt einen vorgeschichtlichen, direkten Vorfahren des heutigen Europäers dar. Der Cro Magnon war Zeitgenosse des Neandertalers*.

Curietemperatur, Curiepunkt (n. d. frz. Physiker Pierre Curie, 1859-1906). Die Temperatur, ab der ein ferromagnetischer Stoff diese Eigenschaft verliert und paramagnetisch wird. Ferromagnetisch sind einige kristalline* Stoffe, die sich in einem Magnetfeld leicht magnetisieren lassen und auch nach Wegfall des Feldes eine Magnetisierung* zurückbehalten (Remanenz). Die Magnetisierung ist nicht proportional zur magnetischen Feldstärke. Ist sie dem ursprünglichen Feld entgegen gerichtet, ist der Stoff antiferromagnetisch.
Paramagnetisch sind Stoffe, die in einem Magnetfeld eine der Feldstärke proportionale Magnetisierung erhalten.
Beim Überschreiten der C. verliert ein ferromagnetischer Stoff seine Remanenz und die Eigenschaften des momentanen, äußeren Magnetfeldes (Feldstärke und Feldrichtung) werden ihm aufgeprägt.
Bei anschließender Abkühlung wird er wieder ferromagnetisch und bewahrt die aufgeprägten magnetischen Eigenschaften. C.en einiger Stoffe:

Kobalt	1131 °C	Magnetit	525 °C	Gadolinium	16 °C
Eisen	774 °C	Nickel	372 °C	Erbium	≈ -233 °C

damaszieren (nach Damaskus/Syrien). Mittelalterliche Schmiedetechnik orientalischer Herkunft, v.a. zur Herstellung von Messer- und Schwertklingen. Dabei wird der Stahl sehr dünn gehämmert, dann gefaltet und wieder gehämmert. Dieser Vorgang wird wiederholt bis die angestrebte Rohform aus vielen, manchmal hunderten von blättrigen Schichten besteht, die praktisch miteinander verschweißt sind. Durch dieses Verfahren verzahnen sich die vorher körnigen Eisenkristalle gut miteinander und der Stahl verliert einen Großteil der ursprünglich vorhandenen Poren und Mikrorisse. Damaszenerklingen waren berühmt für ihre enorme Geschmeidigkeit und Schärfe.

Diopsid, m. (griech. dis, opsis: in zwei Erscheinungsformen). Mineral der Pyroxen*-Familie, Formel $CaMg[Si_2O_6]$, monoklin.

Ejekta, Mz. (lat. ejaculare: herauswerfen). Bei Meteoriteneinschlag: Auswürflinge, Auswurfmassen, Sprengmassen. **Ejekta-Decke**, w. "Decke" von Auswurfmassen eines Meteoriteneinschlags über der den Krater* umgebenden Landoberfläche.

Enstatit, m. (griech. enstasis: Widerspruch). Mineral der Pyroxen*-Familie. Rhombische* Modifikation* von $Mg_2[Si_2O_6]$.

Evolutionstheorie 95

Extrapolation, w. (lat. extra: außerhalb, polus, griech. polos: Drehpunkt, Achse). Annahme oder näherungsweise Berechnung von Werten einer Funktion außerhalb des bekannten Teils der Funktion.

Feldspäte, Feldspate, Mz. Eine Familie der Gerüst-Silikate*. Mengenmäßig größte Mineralfamilie der Erdkruste, die zu rd. 60 % aus F.n aufgebaut ist. Grundformel $X[(Al,Si)_2Si_2O_8]$ mit $X = K^+$, Na^+, Ca^{2+}, Ba^{2+}. Die Eckpunkte eines entsprechenden K-Na-Ca-Ba-Mischtetraeders heißen in dieser Reihenfolge Mikroklin, Albit, Anorthit und Celsian. Lückenlose Mischbarkeit nur zwischen Na[...] und Ca[...], der sogenannten Plagioklasreihe.
Plagioklasreihe (Mischkristallreihe der Plagioklase): Hier besteht vollkommene Mischbarkeit zwischen dem Albitmolekül $Na[AlSi_3O_8]$ und dem Anorthitmolekül $Ca[Al_2Si_2O_8]$. Nach dem Anorthitgehalt (in %, in Klammern) geordnet, sind die P.e: Albit (0-10), Oligoklas (10-30), Andesin (30-50), Labradorit (50-70), Bytownit (70-90), Anorthit (90-100). Alle P.e sind triklin*.

geognostisch (griech. geo, gnosis: Erkennen der Erde). Veralteter Ausdruck für geologisch.

Glas, s. Nicht kristallisierter Feststoff, erstarrte Schmelze. Folgende G.arten kommen vor: Vulkanisches G. (Obsidian, Bims), Schockschmelzen (diaplektisches* G., Schockmetamorphose*, Maskelynit*), meteoritisches Schmelzglas, Blitzröhren, Aschglas (nach Steppenbränden aus Grasasche), Reibungsschmelzen (Pseudotachylite*), technisches G. (Quarzglas, Fensterglas).
Ob eine Flüssigkeit beim Abkühlen zu Glas wird, hängt von der Abkühlungsgeschwindigkeit und vom Stoff selbst ab, der eine gewisse Fähigkeit zur Vernetzung seiner molekularen Bestandteile haben muß. Nach Unterschreiten des Schmelzpunktes geht eine Flüssigkeit (Schmelze) zunächst in den Zustand einer unterkühlten Flüssigkeit über. Bei weiterer Abkühlung unter die Glasumwandlungstemperatur entsteht dann Glas; der Stoff befindet sich im Glaszustand.

Hämatit, m. (griech. haima: Blut, lithos: Stein), Blutstein. Oxid* mit der Zusammensetzung Fe_2O_3, trigonal*. Wichtiges Eisenerz. Als Roteisen verursacht es häufig Rotfärbung von Böden und Gesteinen sowie von gebrannten Tonwaren (ziegelrot).

Hahnenberg (Appetshofen) 54
Harburg 50, 51, 105, Ex.: D, E
Hemau 46
hexagonal (griech. hexa, gonia: Sechseck). Symmetrie*
Hochdruckmodifikationen von SiO_2 61, Modifikation*, Siliziumdioxid*
Hohenaltheim 50
Hohlenstein (Höhle) 80
Holheim Ex.: A, B

Hornstein. An Rändern hornartig durchscheinender, unreiner Feuerstein. Meist als knollige Einlagerung in anderen Sedimenten.

Hühnerberg (Bühl i. Ries) 58
Hydrobia trochulus 77

hydrothermal (griech. hydor: Wasser, thermä: Wärme). [Erdwiss.] Durch warme, wässrige Lösungen entstanden oder: bezüglich warmer, wässriger Lösungen. Endphase der Abkühlungsgeschichte von Plutonen*, i.a. unter 400 °C. Die vom Pluton abströmenden, heißen Wässer setzen Minerale auf Klüften im Pluton selbst und im Nebengestein ab. An der Erdoberfläche treten heiße Quellen aus (meist aufgeheiztes Grundwasser).
Die Hauptmasse der magmatisch gebildeten Erze entsteht hydrothermal: Gold (Mother Lode, Kalifornien), Silber, Erze von Quecksilber (Mte. Amiata, Toskana/Italien), Kupfer, Blei, Zink (Freiberg, Sachsen), Uran, Antimon, Arsen, Wismut, Eisen.

Hypersthen, m. (griech. hyper, sthénos: besonders stark, hier: der stärkere (härtere) gegenüber dem Amphibol* Hornblende). Mineral der Pyroxen*-Familie, Formel $(Mg,Fe)_2[Si_2O_6]$, rhombisch*.

Impakt, m. (lat. impangere, hineinschlagen). Einschlag, Aufschlag, schlagartiges Eindringen. Hier: Meteoriteneinschlag.

Impaktgesteine. [allg.] Durch Meteoriteneinschlag (oder Einschläge) entstandene Gesteine. Sie zeigen allgemein Spuren von Krafteinwirkungen wie Zertrümmerung, Versatz in allen möglichen Dimensionen, Hochdruckminerale, Aufschmelzung. Die Wirkungen können den Mineral- oder Kornbereich, den Gesteinsbereich und die tektonische oder sogar geotektonische Größenordnung betreffen. Zu den I.n gehören allgemein (Impakt-)brekzien*, Impaktite* und auch der die Oberfläche des Erdmonds weithin bedeckende Regolith.
[im Ries]: Suevit*, Bunte Trümmermassen*, kristalline Brekzien*, Moldavit*, Bentonit*
[im Steinheimer Becken]: Primäre Beckenbrekzie* (mit Strahlenkalken*)

Impaktit, m. Durch Meteoriteneinschlag entstandenes Gesteinsglas, z.B. Moldavit, 57. S.a. Flädle, 48.

Innerer Wall (Kristalliner Wall, ~Ring) 44, 87, **Abb. 17**, 45

Iridiumproblem 28

Kaisheim 50

Karbonat, s. **1** [Chemie] Verbindung, die das Karbonation (CO_3^{2-}) enthält.
2 [Mineralogie] Minerale der obengenannten Verbindungen. Zusammen mit den Nitraten und Boraten bilden sie die Mineralklasse V (Mineral*). Die wichtigsten K.e sind Kalzit und Dolomit. In sehr reinen Kalksteinen (Kreide von Rügen) und Dolomiten (Dolomitberge Südtirols) bilden häufig nahezu monomineralische Gesteine.

Kaufertsberg (Lierheim) 80

Keplersche Gesetze 12 f

Klinoenstatit, m. Mineral der Pyroxen*-Familie, Formel $Mg_2[Si_2O_6]$, monoklin*. Auf der Erde selten, da dieser Stoff meist als Enstatit* kristallisiert, in Meteoriten* dagegen häufig.

Klinopyroxen, s. (griech. klino: neigen). Ein Pyroxen* von monokliner* Symmetrie*.

Klosterberg 85, Ex.: F

Klosterzimmern 44

Koma 14, 17

Komet 13 f, **Tab. 1**, 15, 16 f, 20, 22, **Tab. 3**, 23, 31, 92

Kometenbahn 13 f

Krater, m. (griech. kratér: Kessel). **1** [Kunstgeschichte] Altgriech. Krug, in dem Wein mit Wasser gemischt wurde.
2 [Erdwiss.] Explosionstrichter oder aufgeschütteter Ringwall über dem Schlot eines Vulkans.
3 [Erdwiss., Astron.] Einschlagkessel eines Meteoriten. Meteoritenkrater*.

Kraterrand [Ries] 44; [Steinheimer Becken] 85

kristallin (griech. kristallos: Eis). **1** [allg.] Aus Kristallen bestehend. Das betrifft die meisten Feststoffe, natürliche (Minerale) und technische (Metallwerkstoffe, kristalline Kunststoffe).
2 [Erdwiss.] Durch Kristallwachstum (Kristallisation) entstanden, kristallisiert. Z.B. ein einzelner Kristall oder ein Gestein, das durch Kristallwachstum entstanden ist (Granit, Glimmerschiefer). Dagegen wird ein Sandstein nicht k. genannt. Zwar besteht er aus Kristallen, ist aber grundsätzlich nicht durch Kristallwachstum entstanden, sondern aus der Verfestigung vorher von Wasser oder Wind abgelagerten, kristallinen Sandes.

Kristallin, s. [Erdwiss.] kristalliner* Gesteinskomplex, magmatische und metamorphe Gesteine (Magmatite* und Metamorphite). Manchmal sind auch nur die Metamorphite gemeint (Metamorphose*).

kubisch (griech.: würfelförmig). *Symmetrie

Lakkolith, m. (griech. lakkos: Zisterne). In geringer Tiefe der Erdkruste erstarrte magmatische Masse, die vom Förderschlot aus seitlich zwischen die Schichten von Ablagerungsgesteinen eingedrungen ist. Die Erstarrungstiefe liegt zwischen der der Oberflächen-Magmatite* (Vulkane) und der der Tiefen-Magmatite (Plutone), darum wird er als Subvulkan eingestuft. L.e entsprechen weitgehend den modernen Vorstellungen einer Magmakammer unter einem Vulkan. Ein einzelner schichtgebundener, plattenförmiger Arm eindringenden Magmas wird Lagergang genannt.

Langhium, s. (nach den Langhe, Landschaft SO Turin, Poebene). Neu definierte Stufe (Zeitraum) des Tertiärs (mittleres Miozän) von 16,3 bis 14,2 Mio. Jahre (HARLAND u.a.). Es ist ± identisch mit dem ebenfalls neu aufgestellten Badenium* der Gliederung nach STEININGER u.a., die vor allem in der alpin-karpatischen Vorlandmolasse verwendet wird. Im L. fand das Riesereignis* statt. (Grund der gleichzeitigen Verwendung verschiedener Zeitskalen ist die Schwierigkeit, eine regional gültige Gliederung von Sedimenten anderswo wiederzufinden.)
[Lit.] HARLAND, ARMSTRONG, COX, CRAIG, SMITH & SMITH (1990): A geologic time scale 1989. Cambridge University Press, Cambridge, New York.

Magmatit, m. Erstarrungsgestein, magmatisches Gestein. Gestein, das von einer Schmelze (Magma) im Mantel oder der Kruste der Erde abstammt, d.h. nur von deren festen Bestandteilen, ohne magmatische Gase und Flüssigkeiten. M.e kommen durch Vertikalbewegungen des Magmas aus Bereichen der unteren Lithosphäre oder der Asthenosphäre in die Nähe oder an die Erdoberfläche. Zu den M.en gehören:

- Tiefengesteine (Plutonite), die in Tiefen von mehreren Kilometern erstarrt sind. Häufigstes Tiefengestein ist der Granit.
- Ergußgesteine (Vulkanite), die auf Dehnungsfugen der Erdkruste zur Oberfläche durchgebrochen sind. Häufigstes Ergußgestein ist der Basalt, der als Hauptbestandteil der Ozeanböden mehr als 2/3 der Erdoberfläche bildet.

Magnetisierung, w. **1** Vorgang der magnetischen Polarisierung eines Körpers. **2** Stärke der magnetischen Polarisierung (I) eines Körpers (K). I wird in Oersted (= Ampère/m) gemessen. Curietemperatur*.

$$I_{(K)} = \frac{\text{magnetisches Moment}_{(K)}}{\text{Rauminhalt}_{(K)}}$$

Magnetit, m. Magneteisen, s. (n. der magnetischen Eigenschaft). Oxid* der Zusammensetzung Fe_3O_4 mit Spinellstruktur. Kubisch*. Wichtigstes Eisenerz. Entsteht hauptsächlich aus basischen* Magmen.

Marienhöhe (Nördlingen) 54

Maskelynit, m. (n. d. engl. Astronomen N.S. Maskelyne). Diaplektisches* Glas von der Zusammensetzung des Bytownits (Plagioklas*). Nur aus Meteoriten bekannt. Die Umwandlung von Bytownit zu M. erfolgt durch eine Stoßwelle mit einem Druck von mindestens 30 GPa.
[Lit.] MILTON & DE CARLI (1963): M.e: Formation by explosive shock. Science **140**, 670-671, Washington.

Mendorf 46

Metamorphose, w. (griech. metamorphosis: Umgestaltung, Verwandlung).
1 [allgemein] Verwandlung.
2 [Botanik] Anpassung an die Umwelt während der Entwicklung der Art (bei Pflanzen).
3 [Zoologie] Formwandel während der individuellen Entwicklung (bei Tieren).
4 [Erdwiss.] Mineral- und Gesteinsumwandlung im festen Zustand durch Änderung von Temperatur und/oder Druck und/oder Gefüge. Z.B. bei Versenkung eines Gesteins in große Tiefen während einer Gebirgsbildung. Die metamorphen Gesteine bilden eine wichtige Gesteinsklasse.

Die das Gestein aufbauenden Kristalle sind Ordnungsstrukturen der Elementarteilchen, die sich meist mit dem Übergang in einen neuen Druck-Temperatur-Bereich verändern. So können sich die Teilchen eines Kristalls entweder in einer den neuen Verhältnissen besser angepaßten Struktur anordnen, wobei sie im wesentlichen an ihrem Platz bleiben, oder die Struktur bricht ganz zusammen und die frei gewordenen Teilchen gehen neue, stabile Bindungen ein. Z.B. verwandelt sich trigonal* kristallisierendes Siliziumdioxid* (= Quarz) bei 573 °C in eine hexagonale* SiO_2-Struktur (α-Quarz). Die Elementarteilchen, Silizium- und Sauerstoff-Ionen, bleiben im wesentlichen an ihrem Platz. Das Mineral Tremolit dagegen, das sich etwa in einem Talkschiefer oberhalb 400 °C gebildet hatte, verwandelt sich durch spätere Erwärmung auf nur 300 °C in Dolomit, Talk und Quarz. In diesem Fall ist die Tremolit-Struktur zusammengebrochen und 3 neue Verbindungen sind entstanden. Mit der Umkristallisation der Minerale ändern sich auch die Gesteine in ihrer Zusammensetzung, Struktur, Farbe, Dichte usw.
Sind die Temperatur-Druck-Bedingungen bei der M. niedriger als die Entstehungsbedingungen eines Minerals (Tremolit-Beispiel oben), so spricht man von rückschreitender (retrograder) M., sind sie höher, so spricht man von voranschreitender (prograder) M. Die durch voranschreitende M. gebildeten Strukturen bleiben gewöhnlich auch bei niedrigeren Temperaturen und Drucken erhalten, da eine Abkühlung im Unterschied zur Erwärmung das Kristallgitter nicht angreift sondern stabilisiert (einfriert). Aus diesem Grund findet man

Minerale, die sich nur unter sehr hohen Temperaturen bilden, überhaupt in den Gesteinen der Erdoberfläche; andernfalls gäbe es weder Granat-Halsketten noch Jadefiguren!
Daher kann man auch an den erhalten gebliebenen Hochtemperaturmineralen die Temperaturgeschichte des Gesteins ablesen. Hochdruckmineralien bleiben dagegen weniger häufig erhalten.
Je nach dem Anlaß der Temperatur- oder Druckänderung unterscheidet man verschiedene Arten von M.:

- Kontakt-M.: Wärme- und Stoffaustausch eines Gesteins mit Magma.
- Thermo-M.: Vor allem durch Temperaturerhöhung, z.B. in der Nähe zu magmatischen Herden.
- Thermodynamo-M.: Durch Gesteinsverformung und Erhitzung bei Gebirgsbildungen. Meist großräumig, "regional".
- Versenkungs-M.: Vor allem durch Druckerhöhung bei Versenkung eines Gesteins in große Tiefen der Erdkruste während einer Gebirgsbildung. Ebenfalls regional.
- Dynamo- (Dislokations-) M.: Hier überwiegt die strukturelle Veränderung eines Gesteins, vor allem Zerscherung, sekundär Plättung und Streckung.
- Schock-M.: siehe dort.

metastabil (griech. meta, jenseits, lat. stabilis, beständig). In einem Zustand befindlich, der den äußeren Bedingungen nicht mehr entspricht, wegen verzögerter Anpassung jedoch noch andauert. Bei Kristallen beruht Metastabilität meist darauf, daß das m.e Kristallgitter zum Erreichen eines energetisch günstigeren Zustandes zunächst Energie benötigt.

Meteor 6

Meteoreisen 7 f, 26

meteorisch. Vom Himmel kommend, Himmelserscheinungen betreffend.

Meteorit

- Alter	25, 32, 34
- Definition	6
- Einstrom auf der Erde (M.en-Regen)	27, 29
- Einteilung (Chemismus)	22
- Geschwindigkeit	28, 70
- Herkunft, allgemein	16
- vom Mars, vom Mond	32
- Zusammensetzung	22

einzelne M.e:

- Ahnighito	7
- Camp Oriang	27
- Elbogen	11
- Ensisheim	9 f
- Hadschera el Assuad	9
- La Caille	11
- Ries	70 f
- Shergotty	32
- Steinheim	92 f
- Tunguska	19 f

Meteoritenkrater, m. [allg.] Durch Einschlag eines Meteoriten* (Impakt*) entstandene Hohlform in der Kruste eines Planeten (Krater*). Als große Strukturelemente sind meist eine innere Ringstruktur und ein äußerer Ringwall vorhanden. Manchmal auch ein Zentralberg* oder noch erhaltene Auswurfmassen

(Ejekta-Decke*), wozu auch ein Tektit*-Streufeld gehören kann.
[einzelne M.] Chicxulub 30, Ries 41 f, Steinheimer Becken 83 f, Vredefort Dom 91, fragliche M. auf der Fränkischen Alb 44, in der Ostschweiz 92

meteoritisch. Einen Meteoriten oder Meteor betreffend.

Meteorologie, w. (griech. metéoron, Himmelserscheinung; logein, denken). Wetterkunde und Atmosphärenkunde.

Meteorströme 8, **Tab. 2**, 19

Mineral, s. (griech. mnè, Bergwerk über lat. mina, Stollen). [Definition] Ein natürlich[1] vorkommender Feststoff[2], der durch seine Zusammensetzung[3] und, wenn er kristallisiert ist, durch seinen Strukturtyp[4] bestimmt ist.
(1) Natürlich heißt: in der ganzen Natur, einschließlich der außerirdischen.
(2) Feststoffe sind kristallisierte und teilkristallisierte Stoffe, Gläser und feste Gele.
(3) Nach chemischen Gesichtspunkten werden die M.e in 9 Klassen geteilt:
I Elemente, II Sulfide, III Halogenide, IV Oxide, Hydroxide, V Karbonate, Nitrate, Borate, VI Sulfate, Chromate, Wolframate, VII Phosphate, Arsenate, Vanadate, VIII Silikate, IX Organische M.e.
(4) Der Strukturtyp gibt die Anordnung der atomaren, ionaren oder molekularen Bausteine eines Kristalls an, besonders deren Symmetrie*.
[allg.] Die Gesteine der Planeten setzen sich aus M.en zusammen. In der Erdkruste findet man vor allem Feldspat*, während der Erdmantel vermutlich vorwiegend aus Olivin* und Pyroxen* besteht. Auf anderen Planeten und in Kometen (Meteoriten!) finden sich einige M.e, die auf der Erde wegen der sauerstoff- und wasserreichen Atmosphäre unstabil sind und nur künstlich hergestellt werden können.
Die Nutzung der M.e ist eng mit der menschlichen Kultur verbunden. Viele M.e sind wichtige Rohstoffe, z.B. Steinsalz (für den Stoffwechsel wichtig), Magnetit* (Erzmineral), Quarz* (Glasgrundstoff), Rötel (Farbstoff). Zur technischen Anwendung einiger M.e vgl. Amphibole*, Bentonit*, Zeolithe*.

Modifikation, w. (lat. modificere, verändern). [allg.] Abwandlung, Spielart.
[Chemie, Mineralogie] Abwandlung der Kristallstruktur eines Stoffes, z.B. kommt Siliziumdioxid* in mehreren Kristallstrukturen vor.

Molasse, w. (frz. molasse, sehr weich). Abtragungsschutt eines Gebirges, soweit er noch in unmittelbarem Zusammenhang mit der Gebirgsbildung abgelagert wurde. Z.B. werden die Quartär-Sande des niederländischen Rheindeltas nicht als M. bezeichnet, obwohl sie zum großen Teil aus den Alpen stammen. Der Zusammenhang mit der Gebirgsbildung besteht auch beim Ablagerungsraum, dem in der Regel tektonisch* bedingten **Molassebecken**. Genetisch sind M.becken meist Außensenken* von alpinotyp gebauten Gebirgen. 38 (Rotliegend), 39 (nordalpine Molasse).

Moldavit 57

monoklin (griech. mónos, klino, einseitig geneigt). Symmetrie*.

Montmorillonit, m. (nach Montmorillon/Vienne, Frankreich). Blatt- oder Schichtsilikat der M.-Saponit-Gruppe (Silikate*).
Formel $(Al,Mg\ Na,Mg\ Ca_{1/2})_2[(OH)_2/Si_4O_{10}] \cdot n\ H_2O$ wobei $n \approx 4$, wechselnde Kationenanteile. Monoklin*.
M. entsteht besonders bei der Verwitterung vulkanischer Tuffe und Gläser, darum Hauptbestandteil der Bentonite*. In vielen Tonen und Tonböden. Auf den M.gehalt gehen wichtige Eigenschaften der Böden zurück (Quellfähigkeit, Basenaustausch), die für deren Fruchtbarkeit entscheidend sind.

Munzingen Ex.: C, E

Neandertaler, m. (nach dem Neandertal im Bergischen Land, einem Teil des Düsseltals SW Mettmann. Das Tal selbst hat seinen Namen nach dem Theologen und Kirchenlieddichter Joachim Neumann, genannt Neander). Altmenschenrasse mit kräftigem, gedrungenem Körperbau, sehr großem, langen Hirnschädel, kräftigen Überaugenwülsten und ohne Kinnvorsprung. War in der mittleren Altsteinzeit (frühe Würmeiszeit um 60000 - 40000 Ja vor heute) der Träger der westeuropäischen Moustérien-Kultur sowie verschiedener osteuropäischer und vorderasiatischer Kulturen. Dazu gehören einfache Waffen, Stein- und Knochenwerkzeuge sowie Begräbnissitten. Auch Fellkleidung wird angenommen. Nach aktueller Ansicht der Urgeschichtsforschung hat er sich später mit den Sapiens-Menschen vermischt und lebt in der heutigen Menschheit fort. Andrerseits ist es sicher, daß der "typische Neandertaler" die in Mitteleuropa auftretende Spätform einer älteren neandertaloiden Rasse darstellt, die in Vorderasien gefunden wurde und dem Sapiens-Menschen ähnlicher ist. Der europäische N. ist also eine kaltzeitliche Anpassungsform, die sich vom Sapiens-Menschen weg entwickelt hat.
[Entdeckungsgeschichte] Im Neandertal wurden 1856 bei Steinbrucharbeiten in der Feldhofer Höhle (heute abgetragen) Knochen gefunden, die der hinzugezogene Elberfelder Gymnasialprofessor Johann Karl Fuhlrott (1804-1877) als Reste einer "primitiven, wilden Urrasse" des Menschen erkannte. Es war der erste Fund eines fossilen Menschen, der wenn auch nach Widerständen, wissenschaftlich anerkannt wurde (Homo sapiens neanderthalensis). Mit seiner Bekanntmachung des Fundes löste Fuhlrott die Gründung der Urmenschenforschung aus, der Paläanthropologie.
[Lit.] KOENIGSWALD, v. (Hrsg.) (1958): Hundert Jahre Neanderthaler. Neanderthal-Centenary 1856-1956. Böhlau, Köln.

Neue Meteoritentheorie 42

Neumannsche Linien (n. d. Entdecker, dem Chemiker Karl August Neumann 1771-1866) 26

Niederhaus (Christgarten) 50

Nördlingen 113, Ex.: A, B, C, D, E. Bohrung ~ 50, 59 f

Ofnethöhlen Altsteinzeit 80, Mittelsteinzeit 80, Ex.: A, B, C

Olivin, m. (nach der Färbung benannt). Auch: Peridot, Chrysolith. Inselsilikat der Formel $(Mg,Fe)_2[SiO_4]$, Silikate*. Zwischen den Endgliedern $Mg_2[SiO_4]$ (Forsterit) und $Fe_2[SiO_4]$ (Fayalit) sind alle Mischungen möglich. Rhombisch*. Gemengteil basischer* Magmagesteine (Basalt), wichtiger Bestandteil des oberen Erdmantels. Schmuckstein.

Oktaedrit 7, 26, **Tab. 3**, 23, **Abb. 2**, 5, **12**, 26

Öpik-Oort-Wolke 16

Orthopyroxen, s. (griech. orthós, richtig, rechtwinklig). Ein Pyroxen* mit rhombischer* Symmetrie*, also mit rechtwinkligem Kristallgitter.

Otting 105, Ex.: D, E. (Suevit von ~) **Abb. 19**, 45, 116

Oxid, s. Sauerstoff-Verbindung aus 2 Atomarten ohne eigentlichen Salzcharakter, d.h. ihr nichtmetallischer Teil (die Sauerstoff-Atome oder -Ionen) ist nicht von einer Säure abgeleitet. Z.B. ist Kalziumoxid CaO ein Oxid, Kalziumsulfat $CaSO_4$ ein Salz, da das SO_4^{2-}-Ion von der Schwefelsäure H_2SO_4 abgeleitet wird.
Die natürlich vorkommenden, festen O.e bilden die Mineralklasse IV (*Mineral). Beispiele: Quarz* (SiO_2), Magnetit* (Fe_3O_4), Eis (H_2O).

Pflaumloch Ex.: A

Pigeonit, m. Ein Klinopyroxen* veränderlicher Zusammensetzung. Formel $(Mg,Fe,Ca)_2[Si_2O_6]$.

Plagioklas, m. (griech. plágios, klásis: quer zerbrechend). Mineral aus der zu den Feldspäten* gehörenden Mischkristallreihe der P.e. Triklin*.

planare Elemente 59, **Tab. 7**, 149

Planetoid, m. **Tab. 1**, 15

Plutonismus, m. (n. Pluto, in der griech. Sage Gott der Unterwelt). **1** Entstehung und Aufsteigen von Schmelzmassen (Plutonen) in der Erdkruste und damit verbundene Vorgänge. Plutone können ungeheure Ausmaße annehmen, z.B. der Sierra Nevada Pluton mit einer Längserstreckung von 1600 km. Ursache des P. ist v.a. die Versenkung von Gesteinsmassen während Gebirgsbildungen. Dabei gelangen sie in Temperaturbereiche, die ihren Schmelzpunkt überschreiten.
2 Veraltete Hypothese, vor allem des engl. Geologen Hutton (1726-97), wonach alle geologischen Vorgänge auf erdinnere Kräfte zurückzuführen seien. Z.B. sollten die Gesteine weitgehend durch P. (**1**) entstanden sein.

Polsingen 50, 116, Ex.: D, E.

postriesisch (lat. post, zeitlich nach). Zeitlich nach dem Riesereignis*.

präriesisch (lat. prä-, zeitlich vor-). Zeitlich vor dem Riesereignis*.

Pseudotachylit, m. (n. griech. pseudos, unecht; Tachylit = basisches* Gesteinsglas vulkanischer Entstehung). Feinkristallines oder teilweise oder ganz glasiges Gestein, in Schmitzen oder Gängen in anderen Gesteinen vorkommend. P.e werden als Schockschmelzen oder Reibungsschmelzen verstanden, dabei wird angenommen, daß auch die feinkristallinen P.e einst glasig waren. Schockschmelzen entstehen durch kurzzeitiges Wirken extrem hoher Drucke auf Festkörper, so daß deren molekulares Gefüge zusammenbricht. Solche Druckstöße treten bei Erdbeben und Meteoriteneinschlag auf, sowie neuerdings bei unterirdischen Kernexplosionen. Schockschmelzen*.

Pyroxen, m. (griech. pyr, xenos: dem Feuer fremd). Mineral aus der Familie der Faser- oder Kettensilikate. Allg. Formel $XY[Si_2O_6]$, wobei {X, Y} = Fe, Mg, Ca, daneben auch weitere Ionen. Typisch ist der Spaltwinkel von 87° und stengelige Form, die auf eine Innenstruktur aus kettenförmig angeordneten SiO_4-Tetraedern zurückgeht. Vgl. Silikate*. Nach der Symmetrie* des Kristallgitters unterscheidet man rhombische Orthopyroxene* und monokline Klinopyroxene*. In ultrabasischen (basisch*) Magmatiten* gesteinsbildend (Pyroxenite). Die Hauptmasse der P.-Gesteine befindet sich im Erdmantel. Bekannte P.-Minerale sind Jade und Augit*.
[Lit.] DEER, HOWIE & ZUSSMAN (1978): Rock-forming minerals. 2. Aufl., Bd. 2 A, Single-chain silicates, Pyroxenes. 1-544, Longman, London.

Quarz, m. Siliziumdioxid*

Radiometrie, w., radiometrisch (lat. radius, Strahl, griech. metréo, messen). Allgemein: Strahlenmessung. **1** Messung v. elektromagnetischen Strahlen (el.-mag. Wellen), z.B. Wärmestrahlen, Licht. **2** Messung v. Teilchenstrahlen, z.B. der aus dem Atomzerfall stammenden α-Strahlen, sowie deren Quellen (radioaktive Isotope, Mutterisotope) und Umwandlungen (Tochterisotope).
R. (**2**) ist das hauptsächliche Mittel zur Altersbestimmung von Gesteinen, Knochen usw. Dabei wird die gesetzmäßige Abhängigkeit des Atomzerfalls von der Zeit ausgenutzt.

Reimlingen 50

Rekristallisation, w., **rekristallisieren**. Vorgang des Wiederkristallisierens, erneut kristallisieren. Ein aus dem kristallinen* Zustand durch Erwärmung in Schmelze übergegangener und wieder abgekühlter Stoff kann bei mäßiger Wärmezufuhr r., es bilden sich also wieder Kristalle - entweder direkt aus der Schmelze oder über ein Glas*.

remanent (lat. remanere, zurückbleiben). Zurückbleibend; dazu: **Remanenz**. Curietemperatur*.

rhombisch (griech. rhombos, Raute, Viereck mit verschieden langen, zueinander senkrechten Achsen). Symmetrie*.

Riesereignis. Unbestimmter Ausdruck für die lange Zeit unbekannte Ursache der besonderen geologischen Verhältnisse im Nördlinger Ries. Das R. fand vor 14,8 Mio. Jahren im mittleren Miozän statt. Zur Erklärung des R.es wurden zahlreiche Theorien aufgestellt, deren beste die Impakt-Theorie ist. S. 41, s.a. Badenium*.

Schockmetamorphose, **Stoßwellen-Metamorphose**. [allg.] Art der Metamorphose* (Erdwiss.). Veränderung eines Gesteins oder Minerals* durch äußerst harte Stöße. Die durch das Gestein laufende Druckwelle bewirkt einerseits eine Umordnung der atomaren, ionaren oder molekularen Teilchen der Minerale, so daß neue Modifikationen* entstehen können. Andrerseits wird das mineralische Gefüge durch Risse verschiedener Dimensionen aufgelockert, wodurch das Gestein verwitterungsanfälliger wird. Vgl. Tab. 7, S. 149.
[S. der Gesteine in Ries] Suevit S. 48 f, Bunte Trümmermassen S. 51 f, kristalline Gesteine S. 54 f., [S. der Gesteine im Steinheimer Becken] Primäre Beckenbrekzie S. 87

Silikate, Mz. (nach d. Element Silizium). Wichtigste Mineralklasse der Erde (Mineral*), deren Grundbaustein ein tetraedrisch von 4 Sauerstoff-Ionen umgebenes Silizium-Ion ist. Je nach Anordnung und Vernetzung der SiO_4-Tetraeder unterscheidet man Insel-S., Gruppen-S., Ring-S., Faser-S. (Ketten-S.), Blatt-S. (Schicht-S.) und Gerüst-S. Ihre Zusammensetzung wird in einer besonderen Schreibweise angegeben, die Polarität und Stellung der Ionen berücksichtigt, z.B. Silikatschreibweise bei Montmorillonit*:

$$(Al,NaMg,Ca_{0,5}Mg)_2\overbrace{[(OH)_2 \,/\, Si_4O_{10}]}^{\text{Anionenkomplex}} \cdot n\,H_2O$$

Kationen, geordnet nach Größe und Häufigkeit	tetra-eder-fremde Anionen	Anionen und Kat-ionen des Tetra-eders	absorbierte Moleküle Kristall-wasser

Siliziumdioxid, s. (Formel SiO_2). Oxid*. Vielgestaltiger (polymorpher) Stoff: Je nach den Druck-Temperatur-Bedingungen sind verschiedene SiO_2-Strukturen (Modifikationen*) stabil. Beispiel: Nahe der Erdoberfläche kristallisiert SiO_2 trigonal* als Quarz. Nach langsamer Erhitzung geht er bei 573 °C zunächst in hexagonalen* α-Quarz über, bei 870 °C dann in hexagonalen α-Tridymit. Beim anschließenden Abkühlen unter 117 °C entsteht die metastabile*, rhombische* Phase ß-Tridymit. Einige SiO_2-Strukturen:

- Quarz (Bergmannsausdruck, von quarzen = knarren; Geräusch bei der Reibung Quarz auf Quarz. Kristallographisch: ß-Quarz oder Tiefquarz.). Trigonale* Symmetrie*, in der Natur meist verzwillingt. Häufiges Mineral* in sauren* und intermediären Magmatiten*, z.B. Granit, Quarzdiorit, in sauren Metamorphiten (Metamorphose*), z.B. Quarzit, Quarzphyllit, und vielen Ablagerungsgesteinen, z.B. Quarzsandsteine, sowie als hydrothermale Abscheidung auf Zerrklüften. Wüsten- und Seesand ist größtenteils Quarz.
- Tief-Cristobalit, ß-Cristobalit. (n. d. Fundort S. Cristobal, Mexiko). Tetragonal*, entsteht bei Abkühlung von Hoch-Cristobalit unter 270 °C.
- Coesit (n. d. Entdecker J. COES jr., USA 1953) besteht aus vernetzten SiO_4-Tetraedern in 4er-Ringen. In seinem Kristallgitter sind die SiO_2-Moleküle besonders dicht gepackt (Dichte 2,93 g/cm^3). Coesit entsteht erst oberhalb eines Druckes von 20,4 Kilobar aus Quarz* bzw. im Labor auch aus der wässrigen Lösung (ARNDT & ROMBACH 1976). Seit wenigen Jahren kennt man Coesit auch aus Gesteinen, die aus den Tiefen des Erdmantels stammen (> 100 km tief), wie z.B. den Eklogiten (SCHULZE & HELMSTAEDT 1988, WANG u.a. 1989). Daher ist Coesit ein Anzeiger für extreme Vertikaltektonik in alten Kompressionszonen oder für Meteoriteneinschlag.

Eine Möglichkeit, Coesit zu erzeugen, ist, den Quarz extrem harten Stößen auszusetzen. Die durch den Kristall laufenden Stoßwellen überschreiten den zu seiner Umwandlung nötigen Grenzdruck nur für Bruchteile von Sekunden. Danach bleibt er in seiner Hochdruckform metastabil* erhalten - aus trigonalem* Quarz wird monokliner* Coesit.

1960 erstmalig in der Natur gefunden (Meteor Crater, Arizona). 1961 im Ries entdeckt, was die entscheidende Stütze für die Neue Meteoritentheorie* (S. 41 f) war. S. 61.

• Stishovit, (nach dem Entdecker S.M. STISCHOW, UdSSR 1962). Höchstdruckmodifikation von Siliziumdioxid* oberhalb von 75 kbar. Tetragonal* (isotyp mit Rutil), Dichte um 4,3 g/cm^3. In der Natur zuerst von CHAO u.a. (1962) im Meteorite Crater in Arizona, gefunden, später auch im Ries. Typisch für schockmetamorphe Gesteine. Da Stishovit thermisch weniger stabil ist als Coesit*, tritt er in Schockstadien über II kaum mehr auf (vgl. Tabelle zur Schockmetamorphose, S. 149).

[Lit.] ARNDT & ROMBACH (1976): Synthesis of coesite from aqueous solutions. J. Crystal Growth **34**, 28-32, North-Holland Publ. Co., Amsterdam • CHAO u.a. (1962): J. Geophys. Res. **67**, 419-421, Washington • COES (1953): A new dense crystalline silica. Science **118**, 131-132, Washington • SCHULZE & HELMSTAEDT (1988): Coesite-sanidine eclogites from kimberlite; products of mantle fractionation or subduction? J. Geol. **96/4**, 435-443, Chicago • SCLAR u.a. (1962): Optical crystallography of coesite. Am. Mineralogist **47/11,12**, 1292-1302, Lancaster/USA • SINCLAIR & RINGWOOD (1978): Single crystal analysis of the structure of stishovite. Nature **272**, 714-715, London • STISCHOW & POPOWA (1961): [Eine neue dichte, polymorphe Modifikation des Siliziumdioxids. Geokhimia] **10**, 837-839, Moskau (russisch) • WANG, LIOU & MAO (1989): Coesite-bearing eclogite from the Dabic Mountains in central China. Geology **17/12**, 1085-1088, Boulder/USA

Sonnenwind, m. Allseitige Materieabstrahlung der Sonne. Sie entsteht in der Korona, der äußersten, 2½ Millionen Grad heißen Zone der Sonne. Bei dieser Temperatur ist kein Atom oder Molekül mehr stabil - alle Materie wird zu Plasma. Dabei sondern sich die Atomkerne von ihrer Elektronenhülle. Sie sind nicht mehr elektrisch neutral, sondern extrem ionisiert.

In dieser Form strömt der Sonnenwind auch um die Erde und reißt bei einer Relativgeschwindigkeit von 300-600 km/s atmosphärische Gase mit sich und bläst sie ins All hinaus. Auf ähnliche Art entsteht der Gasschweif der Kometen. Der Anstrom des S.s wird vom irdischen Magnetfeld im Abstand von rd. 10 Erdradien gebremst und abgelenkt; das Feld wird seinerseits vom S. stark verformt.

Strahlstrom, Jet(stream), m. [allg.] Hochgeschwindigkeitsströmung von Gasen. [Meteorologie] Schnelle und eng begrenzte Höhenströmung im Grenzbereich von Troposphäre und Stratosphäre.
[Physik] Erscheinung beim Aufeinandertreffen von Gas- oder Flüssigkeitsstrahlen (extrem gebündelte, schnelle Strömungen) und bei Einschlägen von Riesenmeteoriten, bei denen feste Materie schmilzt oder verdampft. Bei kleinen Grenzwinkeln der Strahlen oder zwischen Meteorit und Gesteinsoberfläche tritt der Jet auf, dessen Geschwindigkeit die der Strömungen oder die des Meteoriten übersteigt. Auftreten und Geschwindigkeit eines Strahlstroms sind also formbedingt. Sie haben damit zu tun, daß sich ein rißartiger, kleiner Winkel beim Kontakt schneller schließt, als sich der Meteorit bewegt. S. 75.

Strahlungsdruck, m. Druck, den einfallende elektromagnetische Wellen, z.B. Licht, auf Materie ausüben.
Diese befremdlich mechanische Wechselwirkung zwischen Energie und Materie erklärt die Quantentheorie damit, daß die Energie einer Welle nicht gleichmäßig auf deren Front (Kugeloberfläche) verteilt, sondern "gequantelt" ist, d.h. in kleinen Mengen, Quanten, konzentriert. Diese kleinen Energiemengen bewegen sich in der Leere mit Lichtgeschwindigkeit (c). Nach der Beziehung zwischen Energie und Masse bei Lichtgeschwindigkeit ($E = m c^2$) müssen die Quanten eine der Masse von Materieteilchen entsprechende Eigenschaft haben, eine Masse also, die von ihrer Energie abhängt. Daher kann man Quanten auch als Teilchen betrachten, die Photonen genannt werden. Ein Lichtstrahl, der ja aus Photonen besteht, übt also beim Auftreffen auf Materie einen Druck aus, den S. Wie der Gasdruck besteht er letztlich aus der Summe der Stöße der Photonen.

Symmetrie, w. (griech. symmetros, gleichmäßig, abgemessen). Universaler Begriff für ebenmäßige, harmonische Anordnung der Teile eines Ganzen. Das symmetrische Prinzip durchdringt alle Bereiche der Natur von der atomaren zur kosmischen Dimension und ist in allen Lebewesen vorhanden. Aus der Natur übernommen, spielt es eine große Rolle in allen Künsten und vielen Philosophien, besonders Welterklärungsmodellen.
[Kristallographie] S. ist eine Grundeigenschaft des Gitterbaus der Kristalle, zeigt sich oft auch in deren äußerer Form und beeinflußt viele weitere Eigenschaften wie z.B. Wärmeleitfähigkeit, elektrische Leitfähigkeit, Durchsichtigkeit, Lichtbrechung, Härte, Schmelzpunkt. Auch der Piezoeffekt tritt nur bei Kristallen auf, denen ein bestimmtes S.-element, das Inversionszentrum, fehlt.
Erstes Kriterium der Kristall-S. ist das Achsensystem der sog. Elementarzelle des Kristalls, d.i. der Raum, der entsteht, wenn man sich ein Teilchen des Gitters mit den in 3 Raumrichtungen nächsten gleichen Teilchen verbunden denkt. Prinzipiell sind 7 nach Kantenlängen und Winkeln der Zelle verschiedene Achsensysteme möglich, deren allgemeinstes das trikline System ist. Hier sind sowohl die

Abstände der gleichwertigen Teilchen in 3 Raumrichtungen (Kanten a,b,c), als auch die Winkel (α, β, γ) zwischen den Richtungen (Achsen) verschieden und kein Winkel ist ein rechter. Aus kristallographischer Sicht (chemische Sicht: vgl. Mineral*) teilt man also die Kristalle in 7 Systeme ein:

1 Triklines System:	$a \neq b \neq c \neq a$;	$\alpha \neq \beta \neq \gamma \neq \alpha$; $\alpha, \beta, \gamma \neq 90°$
2 Monoklines System:	$a \neq b \neq c \neq a$;	$\alpha = \gamma = 90°$; $\beta \neq 90°$
3 Rhombisches System:	$a \neq b \neq c \neq a$;	$\alpha, \beta, \gamma = 90°$
4 Tetragonales System:	$a = b \neq c$;	$\alpha, \beta, \gamma = 90°$
5 Hexagonales System:	$a = b \neq c$;	$\alpha = \beta = 90°$; $\gamma = 120°$
6 Trigonales System:	$a = b = c$;	$\alpha = \beta = \gamma \neq 90°$
7 Kubisches System:	$a = b = c$;	$\alpha = \beta = \gamma = 90°$

Beispiel: Dem rhombischen System entspricht die Form einer Streichholzschachtel.
Die S. eines Kristallgitters ergibt sich nun aus der Art des Achsensystems seiner Elementarzelle und den darin vorkommenden S.-elementen (Spiegelebene, Gleitspiegelebene, 2-,3-,4-,6-zählige Dreh- oder Schraubenachse, Inversionszentrum).
[Lit.] KLEBER (1983): Einführung in die Kristallographie. 15. Aufl., Verlag Technik, Berlin.

Tektit, m. (griech. teko, schmelzen). Natürliches Glas*, das nicht in Schichten oder massig, sondern nur in Form einzelner Steinchen vorkommt. Es wird in sog. T.-streufeldern auf der Landoberfläche gefunden, ist oft gestromt und weist Wülste und Grübchen auf. Es wird angenommen, daß T.e noch im erweichten Zustand durch die Luft transportiert worden sind. T.e werden als Gesteine angesehen, die beim Einschlag eines Riesenmeteoriten aufgeschmolzen, in hohe Luftschichten geschleudert und dort verfrachtet wurden. Eine direkt meteoritische Herkunft wird heute nicht mehr angenommen.
Die T.-streufelder der Erde können alle mit nahegelegenen Meteoritenkratern in Verbindung gebracht werden. So gehören die böhmischen Streufelder, in denen die sog. Moldavite* gefunden werden, mit großer Wahrscheinlichkeit zum Ries. Weitere Tektite sind z.B. die Indochinite (Indochina) und Australite.

Tektonik, w. (griech. tektonikos, die Baukunst betreffend). [allg.] Aufbau eines Ganzen aus seinen Teilen.
[Kunst] Kunstvoller Aufbau eines Gebäudes, eines Gedichtes usw.
[Erdwiss.] Bau der Erdkruste.

tektonisch. Den Aufbau und die Struktur betreffend.

Torton, Tortonium, s. (n. Aufschlüssen bei Tortona in der Poebene/Italien). [Paläontologie] Stufe (Zeitraum) des Miozäns, das seinerseits eine Abteilung (Zeitraum) des Tertiärs ist. Nach den meisten Arbeiten über Ries und Steinheimer Becken fällt das Riesereignis* in das T. Die Abgrenzung der T.-schichten hat sich jedoch geändert, so daß nach neuer Auffassung das Riesereignis in das Langhium* fällt.

Trendel 77

Tridymit. Siliziumdioxid*

trigonal (griech. tri, drei; gonia, Ecke). Symmetrie*

triklin (griech. tri, drei; klino, neigen. "nach drei Seiten geneigt"). Symmetrie*

Trochtelfingen Ex.: B

Troilit, m. (nach d. Jesuitenpater D. Troili 1722-92). Sulfid der Formel FeS. Hexagonal*, antiferromagnetisch (Curietemperatur*). Nur aus Meteoriten bekannt oder künstlich. Irdisches Eisensulfid kristallisiert als Magnetkies (ferromagnetisch), dessen Kristallgitter Fe-Fehlstellen aufweist und darum gegenüber T. geringere, monokline*, Symmetrie* und geringeren Eisengehalt hat.

Tuff, m. **1** Vulkanischer T. (lat. tofus, Tuffstein). Verfestigter vulkanischer Auswurf, z.B. aus vulkanischen Bomben, Lapilli, Aschen, Staub (abnehmende Korngröße), aus Kristallen (Kristall-T.) oder aus Glas* (Glas-T.).
2 Kalktuff, Moostuff (von Duftstein < duftig, locker). Eine Art Kalksinter mit lockerem Aufbau, der i.a. unter Mitwirkung von Pflanzen durch Fällung aus kalksattem Wasser entsteht.

Ulrichsberg (Maihingen) 54
Ur-Donau 39 f, 77
Ur-Main 40, 52, 78
Utzmemmingen 82, Ex.: C
Vorries 45, 48 f, 51, 53, 55

Wallerstein 54, 77, 114, Ex.: A, C, E
Wemding 79, 117, Ex.: D, E
Wennenberg 54, 77, 117, Ex.: D

Wennenbergit, m. Basisches* Ganggestein (Lamprophyr), das am Wennenberg im östlichen Ries vorkommt (Kristalliner Ring*, 54, **Abb. 17**, 117, Ex.: D).

Widmannstättensche Figuren, Mz. (n. d. Entdecker, dem Chemiker Baron Alois J.F.X. von Beckh-Widmannstetter (1754-1849), genannt Widmannstätten). Ein Muster (Ätzfigur), das nach Anschleifen und Ätzen auf der Oberfläche von Oktaedriten* erscheint. Die W.n F. bilden den inneren Aufbau der Oktaedrite ab. [Lit.] PANETH (1960): The discovery and earliest reproductions of the Widmannstätten figures. Geochim. Cosmochim. Acta **18**, 176-182, Oxford u.a.

Willenhofen 46
Wipfelsfurt 46

Wörnitzostheim (Bohrung) 58
Wössinger Berg 58

Zentralberg, Zentralhügel. Hügel oder Berg im Innern von Meteoritenkratern mit auf der Erde typischen Durchmessern von 2 - 6 km. Kleinere Krater haben meist die Form einer einfachen, wallumgebenen Schüssel, während bei größeren weitere Ringstrukturen dazukommen.
Bei Himmelskörpern mit geringerer Schwerkraft und der Erde vergleichbarem Aufbau treten Z.e auch bei größeren Kratern auf. Sie sind von zahlreichen Mondkratern bekannt; auf der Erde u.a. vom Steinheimer Becken. Vgl. S. 86.

Zeolithe, Mz. (griech. zéo, ich koche). Zu den Gerüstsilikaten (Silikate*) gehörige Mineralfamilie. Oberflächlich unterscheidet man Faser-, Blätter- und Würfel-Z.e, kristallographisch werden daraus jeweils mehrere Strukturgruppen. Gemeinsam ist ihnen die Eigenschaft, Wassermoleküle und andere Gase aufzunehmen und wieder abzugeben. Ihr Kristallgitter enthält nämlich kanalartige Hohlräume, in die Moleküle geeigneter Größe und Polarität einwandern können. Außerdem können sie ihre tetraederfremden Kationen leicht gegen die einwandernden Kationen austauschen (Ionentausch). Diese Eigenschaften werden technisch ausgenutzt, z.B. um Gemische von Edelgasen zu trennen, um radioaktive Kationen aus Lösungen zu entfernen oder zur Katalyse von Crackreaktionen bei Kohlenwasserstoffen. Faser-Z.e können bei Einatmen Krebs verursachen.
Z.e entstehen v.a. hydrothermal* und durch Feldspatverwitterung in Hohlräumen vulkanischer Gesteine. Ein häufiger Z. ist Natrolith $Na_2[Al_2Si_3O_{10}] \cdot 2\ H_2O$.
[Lit.] DEER, HOWIE & ZUSSMAN (1978): Rock-forming minerals. 2. Aufl., Bd. 4, Framework silicates, Zeolites. Longman, London.

Ziswingen (Kiesgrube) 118, Ex.: D, E

Tab. 6 Ries und Steinheimer Becken in Zahlen.

	Nördlinger Ries	Steinheimer Becken
Alter der Krater	14,8 Mio. Jahre (Mittelmiozän)	(Mittelmiozän)
Durchmesser:		
innerer Ring/Zentralberg	10 km	1 km
Geländehohlform	20-22 km	2,5 km
Kraterrand (tektonisch)	24-25 km	3,5 km
Tiefen unter Gelände:		
Untergrenze des zertrümmerten Bereichs	≈ 6000 m	≈ 1200 m
ausgesprengter Kessel	900-1000 m	≈ 200 m
heutige Tiefe mit Füllung	< 240 m	≈ 100 m
Füllung, heutiger Zustand:		
Rückfall-Material	< 400 m	< 70 m
Seeablagerungen	< 400 m	< 40 m
Kratersee (ehem.):		
Fläche	320 km^2	6,5 km^2
größte Tiefe	170 m	55 m
Massenbilanz der Krater:		
max. Schwereanomalie	-18 mgal	-2 mgal
Massendefizit	$5{,}5 \cdot 10^{13}$-10^{14} kg	$5 \cdot 10^{11}$ kg
bewegte Massen, total	≈ $3{,}5 \cdot 10^{14}$ kg	≈ $4{,}3 \cdot 10^{12}$ kg
bewegtes Volumen, total	110 - 150 km^3	≈ 1,9 km^3
Modell des Einschlags:		
Ursache	- Steinmeteorit /Komet - (Dichten 3 t/m^3 bzw. 0,7 t/m^3)	
Durchmesser (als Kugel)	683 m/1100 m	147 m/239 m
Masse	500 Mio t	5 Mio t
Geschwindigkeit	20 km/s	20 km/s
Energieumsatz	10^{20} Joule	10^{18} Joule

Tab. 7 Schockmetamorphose (nach STÖFFLER 1971).

Stufe	Spitzendruck [kbar]	T nach Schock [°C]	Wirkungen auf die Minerale	Wirkungen auf das Gefüge
0	< 100	< 100	Zerbrechung, Knickbänder in Glimmer, keine planaren Elemente	Brekziierung
I	100	100	Diaplektische Kristalle mit planaren Verformungsstrukturen (isotrope Lamellen) parallel zu kristallographischen Ebenen und mit erniedrigtem Brechungsindex, erniedrigter Doppelbrechung und Dichte. Stishovit in Quarz.	Primäres Gesteinsgefüge erhalten, intensive Zerbrechung
II	350	300	Diaplektische Gläser als Pseudomorphosen von Quarz- und Feldspatkörnern. Coesit und Stishovit im diaplektischen Quarzglas.	Primäres Gesteinsgefüge erhalten, wolkiges Aussehen der Gerüstsilikate
III	450	900	Feldspat-(schmelz-)glas mit Bläschen und Fließstrukturen. Diaplektisches Quarzglas, darin Coesit (manchmal Spuren von Stishovit).	Primäres Gefüge durch teilweise Aufschmelzung gestört. Poröses oder bimsartiges Gefüge.
IV	550 - 600	1300 - 1500	Totale Aufschmelzung aller Mineralphasen. Mischung der Schmelzen. Vereinzelte Reste von Quarz- und Feldspatgläsern mit Bläschen und Fließstrukturen.	Primäres Gefüge vollkommen zerstört, aerodynamisch geformte Glasbomben.
V	> 800	> 3000	Gesteinsdampf	

Geologische Karte des Ries und des Steinheimer Beckens

(Ausschnitt aus: Geologische Karte von Bayern 1:500000, 3. Aufl., München 1981; mit freundlicher Genehmigung des Bayerischen Geologischen Landesamtes)

Tertiär/Quartär		Signatur	Erläuterung
Quartär	Holozän		Talböden bzw. Talfüllungen
			Hang- und Verwitterungsschutt, Schwemmkegel; Wanderschutt, Bergsturz
		H	Torf und sonstige humose Bildungen
		qha	Postglazialer Schotter (i. a. Älteres Holozän)
	Pleistozän	L	Löß, Lößlehm, Decklehm
		R,G	Rißeiszeitlicher Schotter Hochterrassenschotter, z.T. als Nagelfluh
		qD	Deckenschotter, ungegliedert meist als Nagelfluh (Mindel-, Günz-, Donau-, Biber- zeitlich)
		q,G	Terrassenschotter und- sande, ungegliedert z.T. als Talverschüttung
		La	Alblehm mit wechselnden Beimengungen von Lößlehm
Tertiär	Pliozän	pl	Pliozän Sande, Kiese und Tone, u.a. Monheimer Höhensande und Urbrenzsande
	Miozän		Sedimentäre Kraterfüllungen (Ries und Steinheimer Becken) Kalke, Mergel, Tone, Sandsteine und Konglomerate
		a) b)	Auswurfmassen der Meteoriten-Krater (Ries und Steinheimer Becken) a) Suevit glashaltige Impaktbreccie aus Gesteinen des Kristallinen Grundgebirges b) Bunte Trümmermassen glasfreie Impaktbreccie vorw. aus Sedimentgesteinen und dislozierte Schollen
		mio	Karpat, Baden, Sarmat, Pannon und ? tieferes Pont
		mim	Eggenburg, Ottnang (Burdigal und Helvet) ——— Klifflinie
		miu	Jüngeres Eger (Aquitan)

Signatur	Erläuterung		
kro	Oberkreide (Obercenoman—Santon und präobercenomane Schutzfels-Schichten mit Erzformation) Sandstein, Tone, Mergel, Kalksandsteine z.T. kieselsäurereich (z.B. „Neuburger Kieselkreide")	Kreide	
w	Malm (Weißer Jura) Mergel, Kalke und Dolomite in Schicht- und Riff-Fazies	Jura	
b	Dogger (Brauner Jura) Sandsteine mit Eisenerz-Flözen, Tone, Mergel und oolithische Kalke	Jura	
l+ko	Lias (Schwarzer Jura) Tone und Mergel mit Kalken, z.T. bituminös, zu unterst Sandsteine und Oberer Keuper (Rhät) Sandsteine und Tonsteine	Jura / Trias	Keuper
kmf	Feuerletten (Knollenmergel) rote Tonsteine mit dolomitischen und sandigen Einlagerungen	Trias	Keuper – Mittlerer Keuper
kms	Sandsteinkeuper Sandstein-Tonstein-Wechselfolgen mit Dolomitsteinlagen; nach Südosten zunehmend Sandsteine mit Chalcedonlagen	Trias	Keuper – Mittlerer Keuper
kmg	Gipskeuper überwiegend Tonsteine mit Steinmergel- und Gipslagen, einschl. Schilfsandstein; nach Südosten zunehmend Sandsteine	Trias	Keuper – Mittlerer Keuper
ku	Unterer Keuper Ton- und Mergelsteine mit Sand-, Dolomit- und Kalksteinen; im Südosten überwiegend Ton- und Sandsteine	Trias	Keuper
k	Keuper ungegliedert	Trias	Keuper
mo	Oberer Muschelkalk Kalk-, Mergel- und Tonsteine; nach Südosten zunehmend sandige Dolomitsteine und Sandsteine	Trias	
a) b)	Störung (Bruchstruktur, Verwerfung, Blattverschiebung, Überschiebung u.a.) a) nachgewiesen b) vermutet		

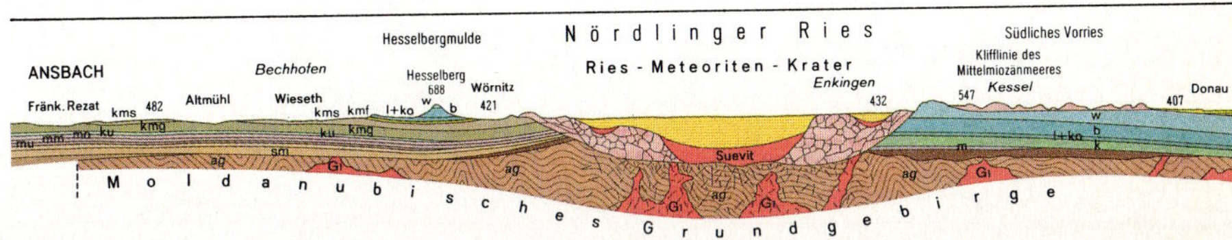